Tous nos ouvrages sont disponibles aux

Éditions Decoopman
Ferrières
30440 Saint-Laurent-le-Minier
Tel : +33 (0)4.67.73.90.95
web : www.decoopman.com
e.mail : livres@decoopman.com

Olivier Lacaux
Jean Castanier

I.S.B.N. 978-2-36965-208-3
Dépôt légal : 4e trimestre 2024

Ouvrages parus
aux Éditions Decoopman
Collection « *Sciences & Techniques* »

Auto / Moto

- *Réfection d'un moteur Diesel* - Y. Valleix
- *Schémas électriques* - Y. Valleix
- *Réparation du démarreur Bosch* - Y. Valleix
- *Mise au point d'un moteur essence* - Y. Valleix
- *Anatomie de l'automobile* - F. Carlès
- *Embrayages & Feins* - R. Champly
- *Motocyclettes et side-cars* - M. Zerolo

Chemins de fer

- *La locomotive* - U. Lamalle & F. Legein
- *La machine locomotive* – E. Sauvage
- *Les chemins de fer* – A. Guillemin
- *Locomotive & Chemin de Fer* – L. Figuier

Électricité

- *Des électromoteurs* - T. du Moncel
- *La machine de Gramme* - A. Breguet
- *La bobine Ruhmkorff* - A. Loiseau

Horlogerie

- *Gnomonique* - G. Bigourdan
- *Comptage du Temps* - R. Baierlein
- *Manuel d'horlogerie* - P. Foucher
- *L'horloger à l'établi* - Schulz et Kames
- *Échappements d'horloges* - Ch. Gros
- *Encliquetages* - F. Balavoine
- *Échappements à ancre* - École de Cluses
- *Guide-manuel de l'Horloger* - C. Saunier
- *Histoire de l'Horlogerie* - P. Dubois
- *L'Horloger sonneries* - C. Poncet
- *L'Horloger* - C. Poncet
- *L'art de connaître les montres* - J. Gondy
- *L'art de l'Horlogerie enseigné en trente leçons* - Anonyme
- *Les merveilles de l'Horlogerie* - Graffigny
- *L'horlogerie électrique* - G. Tobler
- *Traité d'horlogerie moderne* - C. Saunier

Hydraulique

- *Traité d'hydraulique* - N. Boquillon
- *Machines destinées à l'élévation des eaux* - A. Morin

Marine

- *La Marine française* - F. Roux
- *Des bateaux aux couleurs de la Gironde* - F. Jouison
- *Abécédaire des forces sous-marines* - P. Nôtre & J. L. Vichot
- *La Marine de guerre* – L. Huard
- *La Marine de guerre – A. Sauvaire-Jourdan*
- *La navigation sous-marine* – G.L. Pesce
- *Les bateaux automobiles à pétrole* - R. Champly
- *Les paquebots à grande vitesse – M. Dumoulin*
- *Les Torpilles* – E. Hennebert
- *Sous-marins & submersibles - Max Laubeuf*
- *L'Artillerie moderne (Le monde industriel)* – L. Huard

Mécanique

- *507 Mouvements mécaniques* – H. Brown
- *760 mouvements mécaniques* - G. Vander Haeghen
- *Appareils d'obturation* - J. Gary et A. Druot
- *Des mécanismes élémentaires* - L.E. Loche
- *Engrenages & Transmissions* – G. Franche
- *Engrenages et vis sans fin* - R. Champly
- *Les Machines* – E. Collignon

Ouvrages parus
aux Éditions **Decoopman**
Collection « ***Sciences & Techniques*** »

Mécanique (suite)

- *Les mouvements mécaniques* - M. Nicaise
- *Mécanismes des machines* - H. Leblanc
- *Notions de technologie mécanique* - P. Beauvais
- *Organes de transmission* - R. Champly
- *Organes de machines* - J. Gary et A. Druot
- *Organes auxiliaires des machines* - R. Champly
- *Traité de mécanique industrielle* - S. Flachat
- *Traité pratique des engrenages* - L. Wève
- *Transmission du mouvement* - J. Gary et A. Druot

Métiers

- *Comment on devient forgeron* - R. Champly
- *Forges et fonderies* - G. Franche
- *La serrurerie* - H. Havard
- *Manuel du luthier* - Maugin & Maigne
- *Histoire de l'imprimerie* - P. Lacroix
- *L'art du luthier* - A. Tolbecque
- *Accordeur de pianos* - G. Huberson

Moteurs

- *Contribution française à l'évolution des moteurs* - M. Seruys
- *Le moteur Diesel d'automobile* - H. Petit
- *Notions sur les moteurs à explosion* - L. Lacoin
- *Le moteur deux temps* - L. Ventou-Duclaux
- *Moteurs d'aviation* - C. Martinot-Lagarde
- *Le moteur sans soupape Knight* - A. Contet
- *Les Moteurs* – H. de Graffigny
- *Les moteurs à vent* - R. Champly
- *Moteurs* - Max de Nansouty
- *Moteurs & Gazogènes* – L. Letombe

Moteurs Stirling

- *D'Asap à Rhombic 160* - D. Lyonnet
- *Fabriquer des moteurs Stirling* - A. Ross
- *Petits moteurs Stirling pour l'amateur* – D. Lyonnet

Vapeur

- *Le Clos Serpollet* - P. Dubarry de Lassalle
- *Catéchisme des Chauffeurs* - Collectif
- *Distribution de la vapeur* - M. Castelnau
- *Distribution de la vapeur* - A. Spineux
- *Gouvernails à vapeur FARCOT* – J. Farcot
- *Histoire de la machine à vapeur* – R.H. Thurston
- *L'A.B.C. du Chauffeur* – H. Mathieu
- *Les bateaux à vapeur* – L. Figuier
- *Les Locomobiles* – L. Figuier
- *Les machines à vapeur* - J.P. Delaby
- *La machine à vapeur* – E. Sauvage
- *La Vapeur – A. Guillemin*
- *Tiroirs et distributeurs de vapeur* – A. Madamet

Les Hydraéroplanes

ÉTUDE TECHNIQUE ET PRATIQUE DES AÉROPLANES MARINS

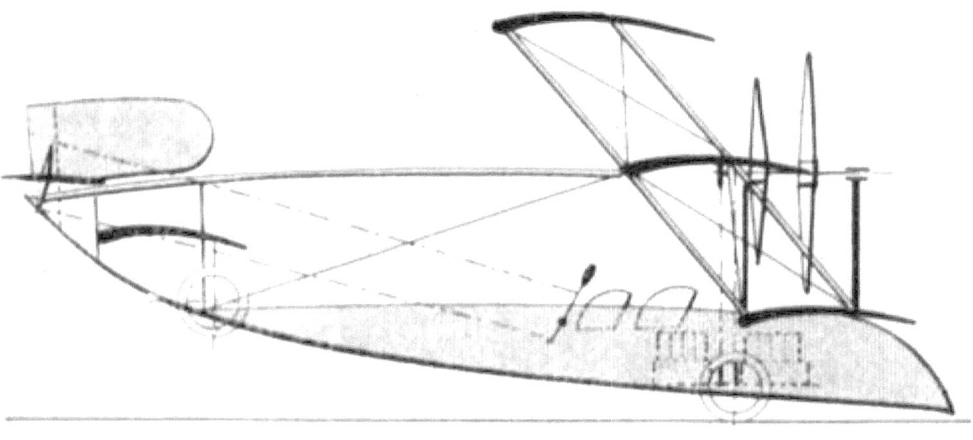

F.-Robert PETIT
Ingénieur diplômé de
l'École Supérieure d'Aéronautique
Ingénieur-électricien E.P.E.I.

1912

Introduction

Les esprits les plus pessimistes ont dû s'incliner devant les enseignements que nous ont si rapidement apportés les grandes manœuvres qui se sont déroulées en 1911 et 1912 dans l'Est et l'Ouest ; aucun doute ne saurait subsister aujourd'hui à propos de l'utilisation militaire de l'aéroplane.

Cet engin, vu sa simplicité, sa facilité de transport, sa rapidité et sa presque invulnérabilité, jouerait en temps de guerre un rôle d'une importance considérable. Aussi les plus hautes personnalités du département de la Guerre ont-elles apporté à l'organisation de l'aéronautique militaire une activité qui a déjà porté ses fruits et a abouti à doter l'armée française d'une flottille aérienne très complète, et qui ne fera que croître en nombre, comme le prévoient les articles du règlement du concours qui s'est déroulé à Reims.

Mais si, étant donné que l'aéroplane, tel qu'il existe, monté sur un quelconque châssis, est apte à rendre des services immédiats aux armées de terre, l'organisation d'une quatrième arme au profit de ces dernières était chose relativement facile, il n'en est plus de même pour l'aviation maritime.

Un écueil surgit, qui vient actuellement entraver la mise sur pied de cette dernière : l'aéroplane maritime, pendant de l'aéroplane continental, n'existe pas ou, tout au moins, il comporte tant d'imperfections qu'il est impossible de le prendre pour base et d'engager des frais le concernant.

Fort heureusement, les recherches sont nombreuses et il faut espérer que la lacune, qui arrête les meilleures volontés organisatrices, sera vite comblée. On ne saurait trop encourager les recherches de ce genre, car l'aéroplane aura la même utilité dans la guerre navale que dans la guerre terrestre. On a prétexté que le dirigeable pourrait probablement remplir à lui seul l'office de poste d'observation pendant les mouvements et les hostilités entre escadres. C'est une erreur et, si nous en croyons l'opinion autorisée de l'enseigne de vaisseau Lafon, le dirigeable et l'aéroplane ne peuvent se remplacer sur mer, mais ont chacun leur domaine propre.

> « Aux dirigeables sont réservées les grandes reconnaissances stratégiques, l'exploration d'une mer (Manche ou Méditerranée), les stationnements prolongés à grande hauteur le jour, ou à très faible altitude la nuit, au-dessus d'une île ennemie, afin de prévenir, par la T. S. F., nos ports des mouvements offensifs qui se préparent.
>
> Aux aéroplanes, au contraire, seront réservées (surtout quand ils pourront atterrir sur l'eau et repartir soit de la mer, soit du pont d'un navire) les rapides reconnaissances dans une zone limitée, pour rechercher l'ennemi, pour donner des renseignements sur les bâtiments suspects pour surveiller un fort ennemi et faire connaître l'emplacement de ses points vulnérables ainsi que ses moyens d'attaque. »

Ces lignes attribuent donc bien à l'aéroplane un rôle défini qu'il devra remplir au cours des batailles navales.

Un autre service précieux que rendra l'aéroplane, et qu'il convient de signaler tout particulièrement, est la recherche des sous-marins. On savait que certains objets situés à de grandes profondeurs sous une eau même agitée devenaient parfaitement visibles dès qu'on les regardait d'une certaine hauteur ; c'est ainsi que de la nacelle d'un ballon on distingue nettement tous les rochers qui tapissent le fond de certains lacs. De même, on a pu observer le mouvement des sous-marins en s'élevant en cerf-volant à une hauteur relativement faible.

Au mois d'août 1911, des essais furent donc tentés à Cherbourg pour constater les qualités que présenterait l'aéroplane pour des observations analogues. Un monoplan Deperdussin, piloté par Aubrun, servit aux expériences. Au départ du polygone de Cherbourg, l'aviateur fut simplement informé que deux sous-marins exploraient la mer à proximité du port. Il ne tarda pas à découvrir le premier, puis le second à 3 km de là. Dans le second vol, d'une hauteur de 400 m, il découvrit un sous-marin après quelques minutes de recherches.

Aucun doute ne saurait donc subsister au sujet de l'utilisation de l'aéroplane à la recherche des unités sous-marines.

Mais, pour que cet appareil puisse être employé d'une façon efficace à tous ces services d'observation rapide, de recherches, etc., il est indispensable qu'il puisse prendre son départ et revenir se poser sur les navires amis ou à proximité d'eux. C'est ici que se pose la grosse question du départ et de l'atterrissage des aéroplanes marins.

La première solution proposée est l'aménagement d'une piste appropriée sur le pont d'un navire. La seconde, la seule scientifique, c'est de munir l'aéroplane de dispositifs lui permettant de s'envoler de l'eau et de venir s'y reposer par ses propres moyens ; en un mot, c'est la recherche du véritable aéroplane marin.

Épinal, octobre 1912

Préface

À côté des expériences pratiques auxquelles se livrent les constructeurs d'appareils d'aviation, il est bon, je crois, de faire marcher parallèlement des études théoriques et de rappeler les notions fondamentales des problèmes posés.

C'est pourquoi, à côté des essais de plus en plus nombreux d'hydroaéroplanes, tentés par toutes les maisons d'aéroplanes, il n'est pas inutile de voir apparaître des manuels élémentaires, mais scientifiques, sur la question de l'aviation nautique.

Or, si l'auteur de l'ouvrage qui suit a consulté les résultats obtenus déjà par les expérimentateurs, ceux-ci pourraient-ils se vanter d'avoir étudié de près les données mathématiques du problème qu'ils abordaient ?

Je ne le crois pas, ou tout au moins, ils sont peu nombreux ; aussi, ne saurai-je trop recommander à tous la brochure de M. E.-B. Petit, ingénieur E. S. A., où ils pourront trouver les notions scientifiques indispensables, et les conclusions prudentes, mais pleines de sens qu'il y a résumées.

Limiter les tâtonnements expérimentaux, diriger les recherches dans la bonne voie, tels seront les bons effets de cette étude pour ceux qui voudront en tirer parti.

André BEAUMONT

chapitre I

Difficultés de construction rencontrées dans la réalisation d'un hydraéroplane

Les difficultés de construction qu'on rencontre quand on s'attaque à la réalisation d'un hydraéroplane sont nombreuses.

Tout d'abord, l'équilibre de l'appareil sur ses flotteurs est assez compliqué comme étude. Les forces qui agissent dès que l'appareil se met en mouvement sont, en effet, très mal définies, tant en grandeur qu'en direction, car elles sont dues à l'action de fluides : l'air et l'eau. Les plans porteurs de l'aéroplane fournissent une sustentation verticale et une traînée horizontale, l'hélice fournit une poussée horizontale ; les flotteurs, à leur tour, agissent verticalement et horizontalement, toutes ces poussées et traînée subissent des variations nombreuses pendant la période d'envol ; variations dues à l'augmentation de la vitesse : les flotteurs sortent de l'eau, la traînée de l'aéroplane augmente, la poussée totale augmente, etc., de sorte que les données du problème sont tout à fait indéterminées et qu'il est impossible d'accorder aux résultats d'une étude technique une trop grande confiance, en ce qui concerne la partie dynamique.

Cependant, par simple réflexion, on se rend facilement compte des points particulièrement intéressants et sur lesquels on doit porter son attention lors de l'établissement des plans d'un hydraéroplane.

L'étude de l'équilibre statique de l'appareil sur ses flotteurs fournira, par exemple, d'utiles résultats concernant l'équilibre transversal. Elle permettra de voir si la machine offre de trop grandes tendances à se renverser latéralement dans les premiers instants du départ. Grâce à elle, on comparera facilement les avantages de l'une ou de l'autre des dispositions relatives des flotteurs.

Appliquée à l'équilibre longitudinal, elle montrera si l'appareil n'a pas de tendances exagérées à plonger de l'avant ou de l'arrière dès qu'il aura dépassé une certaine inclinaison.

Il faudra, pour cette étude statique, rechercher exactement les centres de carène, c'est-à-dire les centres de poussée de l'eau sur les flotteurs, correspondant à quelques flottaisons. La comparaison des positions du méta-centre et du centre de gravité montrera jusqu'à quelles inclinaisons l'appareil est stable. On appréciera pratiquement quelles valeurs maxima peuvent être exigées pour celles-ci et l'on cherchera des flotteurs fournissant une surface de carène convenable.

En ce qui concerne les flotteurs, c'est surtout sur leur forme que devra se porter l'attention du constructeur. Il devra choisir des formes spéciales fournissant un volume suffisant pour soutenir l'appareil au repos, une surface qui donne en vitesse une poussée assez forte pour déjauger facilement. Le flotteur ne doit pas tendre à s'engager dans l'eau et il doit offrir peu de résistance horizontale aux fluides dans lesquels il se meut. Ces nombreuses conditions ne se réalisent guère d'une façon simultanée et, souvent, la réalisation de l'une d'elles gêne celle de la suivante. Il existe donc des formes optima qu'il conviendra de trouver par une étude assez complète.

La disposition des flotteurs sous les appareils résultera de l'étude de l'équilibre des hydraéroplanes. Il faudra faire intervenir dans son choix l'observation du type de l'appareil à transformer, et de sa manœuvre. La position du gouvernail de profondeur, notamment, aura une grande influence.

Indépendamment de ces difficultés d'ordre technique pur, l'établissement de l'hydraéroplane offre de sérieuses questions à résoudre pour le personnel chargé de la construction. Les flotteurs doivent être très solides et capables de résister à des chocs violents dus aux lames et aux petites vagues. Ils transmettent ces efforts aux pièces qui les rattachent aux ailes, de sorte que ces dernières doivent présenter des parties de raccordement appropriées. Tels sont les points principaux de l'étude d'un aéroplane marin. On voit qu'ils sont assez nombreux.

chapitre II

Les flotteurs

I. – Généralités

Tout hydraéroplane est muni de flotteurs qui, au repos, assurent sa sustentation sur l'eau.

Les flotteurs doivent donc offrir un volume assez important si l'on observe que, dès aujourd'hui, les aéroplanes pèsent jusqu'à 700 kg.

Cette première condition remplie, les flotteurs doivent répondre à plusieurs autres qui définiront leur forme.

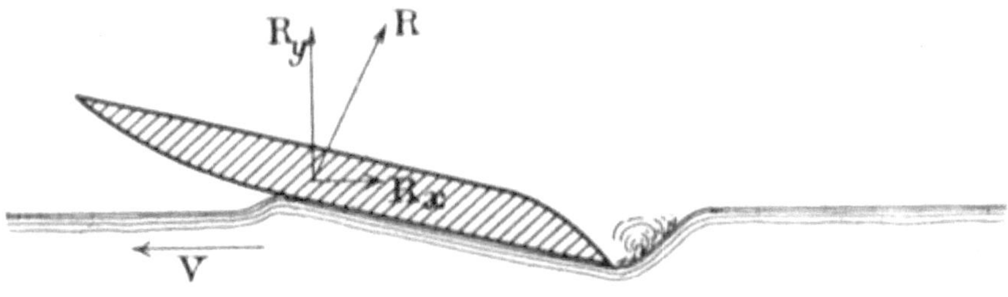

Fig. 1.

Inclinés faiblement sur l'horizontale, ils doivent, quand ils se déplacent à une vitesse V suivant la flèche (fig. 1), recevoir de l'eau une résistance R telle que le rapport Ry / Rx de ses composantes suivant l'horizontale et suivant la verticale soit aussi grand que possible.

La recherche des formes les meilleures a donné lieu à de nombreux travaux et l'on peut en déduire trois écoles principales :

1. - L'école Henri Fabre ;
2. - L'école des barques allongées ;
3. - L'école italienne.

Les flotteurs qui se classent dans la première catégorie sont déduits des résultats obtenus par la firme *Bonne-maison* sur ses curieux petits canots automobiles, les *Ricochet-Nautilus*. Ces hydroplanes, qui sont de purs glisseurs, sont à fond plat. Mais celui-ci, au lieu d'être continu, est formé de plusieurs parties disposées les unes à la suite des autres et réunies par des *redans* R (fig. 2).

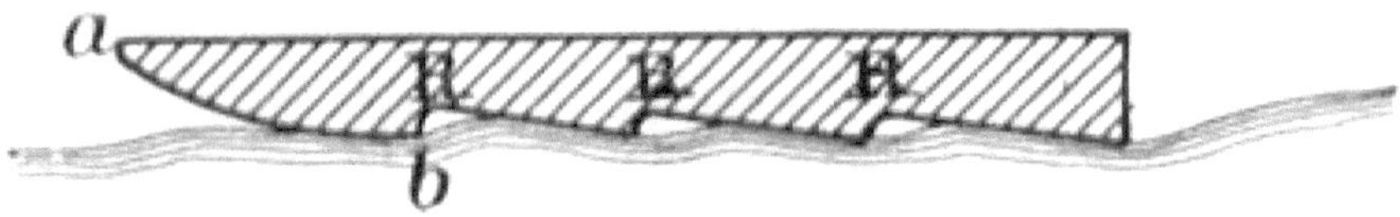

Fig. 2.

Le rendement excellent de cette forme de carène (au point de vue de la vitesse obtenue tout au moins) a inspiré à M. Henri Fabre, le constructeur maritime si connu à Marseille, l'idée de séparer les unes des autres les parties *ab* et d'en placer sous son aéroplane marin là où ce serait utile. Il a été amené à construire des flotteurs sensiblement carrés et ayant une section analogue à celle de la figure 3.

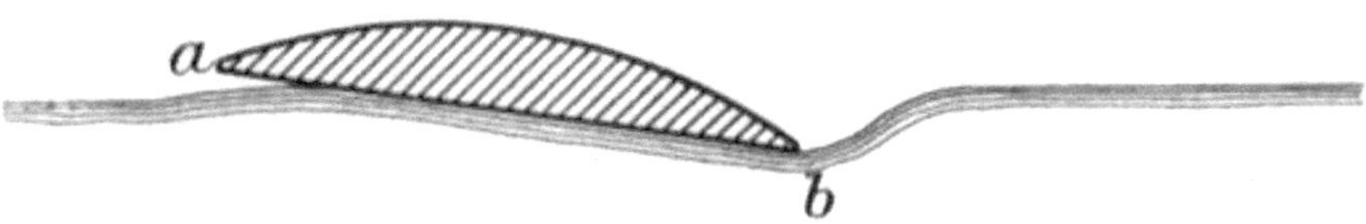

Fig. 3.

En marche, la surface *ab* reçoit une résistance qui déjauge les flotteurs.

L'école Henri Fabre consiste donc en l'emploi de flotteurs séparés et travaillant à la façon des ailes d'aéroplane, c'est-à-dire attaquant nettement le fluide par une arête pour en obtenir une poussée.

La deuxième école emploie des barquettes allongées, à fond plat (fig. 4). Elle est basée sur le même principe que la première, mais elle se soucie surtout de réduire l'arête d'attaque. C'est sur la vitesse qu'elle compte, plutôt que sur la surface travaillante, pour obtenir la poussée qui déjauge les flotteurs. Cette école est certainement la plus intéressante. C'est à peu près sûrement celle de l'avenir.

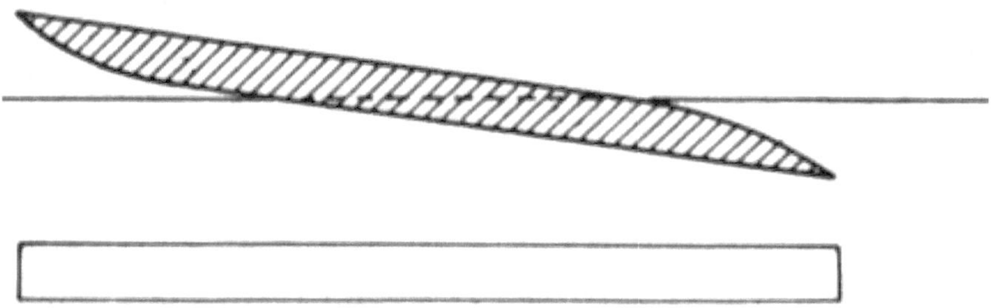

Fig. 4.

La troisième école, l'école que nous avons appelée italienne, à cause de la nationalité de ses principaux auteurs, M. Forlanini entre autres, procède d'un principe tout différent. Ici les flotteurs ne travaillent plus au déjaugeage. Ils ne servent qu'à maintenir l'appareil sur l'eau au repos. C'est à des plaquettes d'acier complètement immergées que revient le rôle de soulever le système flotteur hors de l'eau (fig. 5).

Les recherches de M. Forlanini, sur ce système de sustentation, ont été faites sur un hydroplane en Italie. Elles sont extrêmement intéressantes. Il y a certainement quelques résultats à tirer de leur étude. Une habile combinaison de flotteurs ordinaires et de sustentateurs immergés du type Forlanini n'a rien que de très possible et conduirait peut-être à des constructions très bonnes. Nous dirons donc plus loin quelques mots de ces recherches sur la sustentation dynamique.

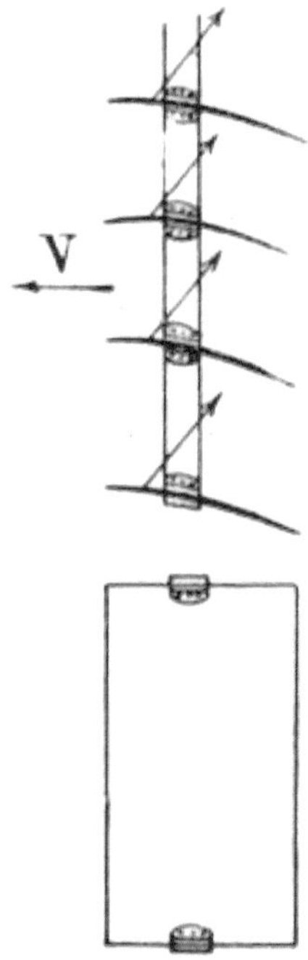

Fig. 5.

II. – Calcul des dimensions des flotteurs en vue d'en obtenir un volume donné

Les flotteurs d'un hydraéroplane ont un volume suffisant pour soutenir l'appareil sur l'eau au repos.

Connaissant le poids de la machine, il est donc facile de trouver leur volume total. On prend, en général, pour celui-ci une valeur :

$$V = 1{,}5 \times V_u$$

V_u étant le volume utile, c'est-à-dire un nombre qui exprime le poids de l'appareil à raison de 1 kg par décimètre cube.

Il est laborieux quelquefois de trouver les dimensions des flotteurs réalisant le volume V.

Les formes des flotteurs ne sont pas quelconques : elles doivent être déterminées d'après les observations faites sur la résistance opposée par l'eau aux corps qui se déplacent dans ce fluide. Les profils résultant de ces observations ne sont liés à aucune équation et c'est par la méthode expérimentale seule qu'on arrive à les dessiner. Le problème qui se pose quand on a calculé le volume d'un flotteur d'hydraéroplane est donc de donner les cotes d'un solide d'une forme donnée, telles que le volume immergé ait une valeur connue.

Prenons le cas général d'une coque quelconque et proposons-nous de calculer le volume d'eau déplacé, c'est-à-dire le déplacement de cette coque, que nous désignerons par V.

La partie immergée ne peut, dans presque tous, pour ne pas dire dans tous les cas, s'exprimer par une équation définie

$$z = f(x, y)$$

On est donc forcé de recourir à des méthodes approximatives pour déterminer son volume. La plus simple consiste à diviser la carène en tranches horizontales et à faire la sommation de celles-ci.

Coupons un flotteur en deux parties par son plan longitudinal de symétrie et considérons une des moitiés obtenues. Divisons ce demi-flotteur en tranches horizontales de hauteur infiniment petite dz et traçons deux axes rectangulaires dans le plan horizontal d'une tranche, l'axe Ox correspondant à la trace du plan longitudinal de symétrie et l'axe Oy perpendiculaire à Ox, l'origine O correspondant au point avant extrême de la flottaison (fig. 6). L'aire d'un petit rectangle ABCD, de côté dx, est égale à :

$$a = y\,dx$$

L'aire A de la flottaison est

$$A = \int a = \int y\,dx$$

Le volume de la tranche considérée, d'épaisseur dz, est

$$V = A\,dz = \int y\,dx\,dz$$

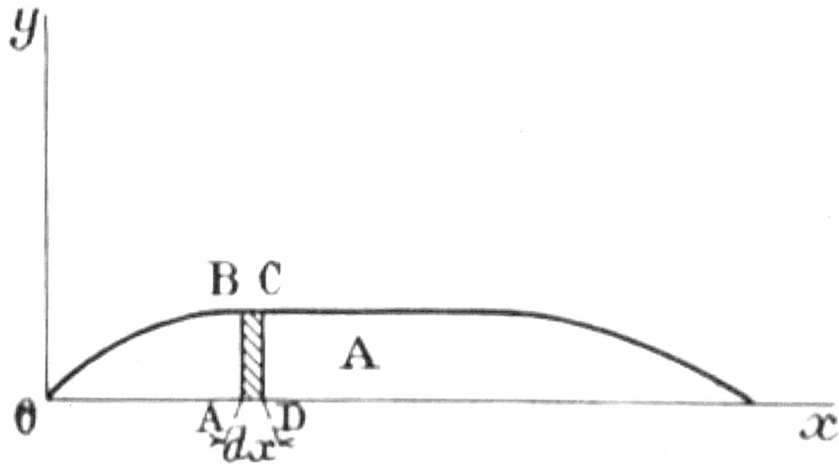

Fig. 6.

Le volume total du demi-flotteur est égal à la somme de tous ces volumes élémentaires ; on aura pour son expression

(1) $$V_1 = \int V_e = \iint y\, dx\, dz$$

La seule méthode pratique pour arriver à obtenir un résultat numérique sur cette intégrale consiste à calculer successivement les valeurs de $\int y\, dx$ entre les pointes avant et arrière des flottaisons correspondantes. On obtiendra des valeurs $u_1, u_2, u_3 \ldots u_n$ que nous désignerons par la lettre générale u.

L'intégrale **(1)** deviendra donc

$$V_1 = \int u\, dz$$

Comme nous n'avons considéré qu'un demi-flotteur au début, le volume total d'eau déplacée sera

$$V = 2 \int u\, dz$$

expression qui sera facile à évaluer par l'application de la méthode des trapèzes.

On aura, d'après cette formule,

(2) $$V = 2 \left[z\, ((u_0/2) + u_1 + u_2 + \ldots + u_{n-1} + (u_n/2)) \right]$$

On obtiendra par cette formule une valeur du déplacement ; pour vérifier ce premier résultat on pourra appliquer la même méthode de

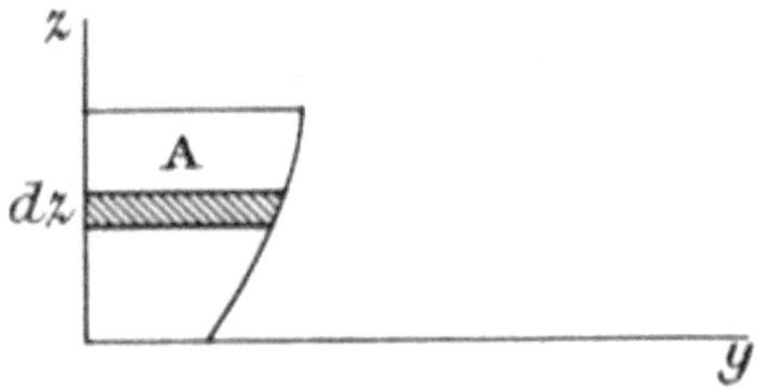

Fig. 7.

calcul en divisant le flotteur en tranches verticales perpendiculaires au plan longitudinal de symétrie, au lieu de tranches horizontales (fig. 7).

L'aire d'une de ces tranches est : $a = \int y\,dz$

Le volume correspondant est : $v = \int y\,dz\,dx$

En opérant comme précédemment, mais en calculant cette fois les valeurs successives m_0, m_1, m_2, ... m_n des aires élémentaires $\int y\,dz$, on aura :

$$V = 2\left[x\left((m_0/2) + m_1 + m_2 + \ldots + m_{n-1} + (m_n/2)\right)\right]$$

La plus ou moins grande coïncidence montrera si l'on a pris pour z et x des valeurs suffisamment petites dans les calculs numériques.

III. – Résistance de l'eau au mouvement des flotteurs

Les formules donnant la résistance qu'opposera l'eau au déplacement des flotteurs pendant la période d'envol de l'hydraéroplane sont très utiles à connaître, car elles permettront au constructeur d'apprécier exactement si, au début de la mise en marche, l'aéroplane est capable de se tenir en équilibre par l'emploi de son ou de ses stabilisateurs et si la puissance du moteur exigée pour le plein vol suffira à l'obtention de la vitesse sur l'eau.

En ce qui concerne la stabilisation de l'aéroplane pendant la navigation en surface, il est facile de comprendre l'importance qu'il y a à connaître, pour la plupart des types adoptés, la traînée horizontale due au déplacement des flotteurs dans l'eau. En effet :

Soit un hydraéroplane schématique composé d'un plan AB, d'un stabilisateur CD et d'un flotteur F. Soit V sa vitesse d'envol. Supposons l'appareil au moment de cet envol, à l'instant où il va quitter l'eau (fig. 8).

Le flotteur reçoit de l'eau une action I. L'aile reçoit de l'air une résistance R_a et le stabilisateur une résistance R_s. Pour que l'hydraéroplane s'envole, il faut qu'il conserve une position déterminée d'avance. Il faut

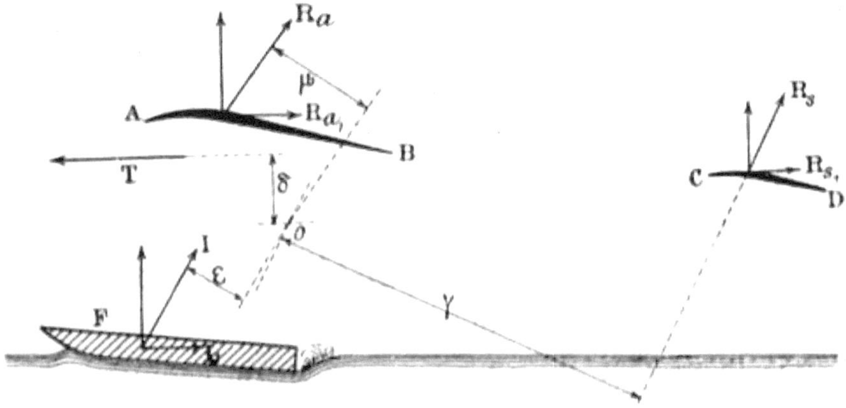

Fig. 8.

que toutes les forces soient en équilibre. Soit T la traction de l'hélice. On aura :

$$T = R_{a1} + I_1 + R_{s1}$$

R_{a1}, I_1, R_{s1} étant les projections horizontales.

Pour que l'équilibre de l'aéroplane soit réalisé dans ces conditions, il faut, ou que la résultante de $I_1 + R_{s1} + R_{a1}$, soit dans le prolongement de T, ou que la somme de leurs moments par rapport à l'axe instantané de tangage O, par exemple, soit nulle.

D'où,

$$T\,\delta = R_a\,\mu - R_s\,\gamma + I\,\varepsilon$$

soit

(1) $$I\,\varepsilon = T\,\delta - R_a\,\mu + R_s\,\gamma$$

R_a et R_s, étant les valeurs correspondant au vol de l'appareil, la condition exigée par l'équation **(1)** ne peut être remplie et l'on aurait, en maintenant R_a et R_s à leurs valeurs pendant le vol,

$$I\,\varepsilon > T\,\delta - R_a\,\mu + R_s\,\gamma$$

Il est donc nécessaire d'augmenter lors de l'envol la poussée sur le stabilisateur s'il est à l'avant, de la diminuer s'il est à l'arrière.

Dans le cas d'un stabilisateur avant, type Canard, il faudra augmenter l'incidence de façon à obtenir une poussée supplémentaire à celle du vol M telle que :

$$I\varepsilon = T\delta - R_a\mu + R_s\gamma + M\gamma$$

ou

$$I\varepsilon = T\delta - R_a\mu + (R_s + M)\gamma$$

et

$$R_s + M = (I\varepsilon - T\delta + R_a\mu) / \gamma$$

$R_s + M$ représente donc la poussée maximum sur le stabilisateur avant. On devra la comparer aux dimensions acceptables pour celui-ci, afin de voir si la construction en est possible. Dans $R_s + M$, nous avons I.

La valeur de I est donnée par différentes formules plus ou moins précises.

Pour des flotteurs allongés se rapprochant des formes générales des barques, des navires, on admet ordinairement que la résistance opposée au mouvement est

$$R = K B^2 V^2$$

B étant l'aire du maître couple du flotteur, V la vitesse et K un coefficient qui, pour les navires, est environ égal à 4. Cette formule est généralement adoptée en France.

Une seconde, plus particulièrement préférée des ingénieurs des constructions de yachts anglais, est

$$R = KS^2 V^2$$

S^2 représentant la surface mouillée réelle, c'est-à-dire la surface en contact avec l'eau. Cette surface réelle S^2 est égale, d'après la formule de Normand, à

$$S^2 = L\left[1{,}5\,p + 0109 + (V^3 / L\,l p)\,l\right]$$

dans laquelle p représente la profondeur de carène au maître couple du flotteur, V^3 le volume immergé, en mètres cubes, au repos, L la longueur, l la largeur du bateau au maître couple.

Citons, à titre documentaire, deux formules plus complexes donnant la résistance de l'eau sur les carènes.

La première a été donnée par Dupuy de Lôme :

$$R = KB^2 (V^2 + 0{,}145\,V^3) + K'\,\Sigma^2 \sqrt[3]{V}$$

K et K' sont des coefficients variables avec les formes et le poli des surfaces. Ils sont très variables avec ce dernier. Σ^2 est la surface mouillée réduite, donnée par la formule de Dudebout :

$$\Sigma^2 = 2{,}4235\,(D^3)^{1/4}\,L^{3/4}\,(B^2)^{1/4}$$

D = déplacement.

La seconde formule est celle de l'amiral Bourgois :

$$R = (K'+(K''(\Sigma^2/B^2)) + (K'''(\Sigma^2/B^2V)) + K^{IV}(b/B^2)\,V^2)\,B^2V^2$$

b étant la largeur de la coque.

IV. – Puissance absorbée par les flotteurs

Dans l'étude aérodynamique de l'hydraéroplane, on a calculé la puissance $\mathcal{P}_1$ nécessaire à la sustentation de l'appareil. Cette puissance peut être représentée par une expression telle que :

$$\mathcal{P}_1 = \xi V^3$$

Pendant la période de déplacement sur l'eau, il faudra que le moteur développe une puissance supérieure à $\mathcal{P}_1$ du fait de la résistance de l'eau sur les carènes des flotteurs. Nous allons évaluer cette puissance supplémentaire.

Soit R la résistance de l'eau, à la vitesse V sur un flotteur. La puissance absorbée est égale à RV. Nous avons vu que R était une expression de la forme : $R = K\,B^2\,V^2$.

Écrivons que le travail moteur $\mathcal{T}_m$ égale le travail résistant $\mathcal{T}_r$

$$\mathcal{T}_m = \mathcal{T}_r$$

Il vient

$$\mathcal{P}_2 = KB^2\,V_1^3$$

Si $\mathcal{P}_2$ est donné en chevaux-vapeur et V en mètres par seconde, on a, en kilogrammètres-seconde,

$$75\mathcal{P}_2 = KB^2\,V_1^3. \qquad \textbf{(1)}$$

Soit V_a la vitesse de l'hydraéroplane, exprimée en kilomètres par heure ; on aura :

$$V_1 = V_a\,(1000/3600) = V_a \times 0{,}277$$

Portons dans **(1)**, il vient

$$75\,\mathcal{P}_2 = KB^2\,V_a^3\,\overline{0{,}277}^3$$

équation qui nous donne la valeur cherchée $\mathcal{P}_2$ de la puissance nécessaire au mouvement du flotteur dans l'eau.

C'est

$$\mathcal{P}_2 = (KB^2 \, V_a^3 \, \overline{0{,}277}^3) \,/\, 75$$

Posons

$$\mu^3 = 75 \,/\, (k. \, \overline{0{,}277}^3)$$

la valeur de $\mathcal{P}_2$ devient : $\mathcal{P}_2 = B^2 \, V_a^3 \, (1 / \mu^3)$ exprimée en HP de 75 kgm : s.

La puissance totale du moteur de l'hydraéroplane considéré est donc

$$\mathcal{P} = \mathcal{P}_1 + \mathcal{P}_2 = \xi V^3 + [(1 / \mu^3) B^2 \, V_a^3 \,]$$

qu'on peut écrire :

$$\mathcal{P} = [\, \xi \, \overline{0{,}277}^3 + (1 / \mu^3) B^2 \,] \, V_a^3$$

Le coefficient μ^3 varie suivant la plus ou moins bonne construction des carènes. Il augmente avec la finesse des coques et surtout avec leur poli.

V. – Sustentation des hydraéroplanes par des plans immergés

Jusqu'ici nous n'avons envisagé que des flotteurs attaquant la surface de l'eau par leur face inférieure. Ces flotteurs se trouvent donc en partie dans l'eau et en partie dans l'air. Leur mouvement entraîne nécessairement la formation de vagues, de remous, etc., à la surface du liquide qui est, en effet, en contact avec un fluide beaucoup moins dense que lui.

Dans ses études et recherches sur l'hydroplane, un ingénieur italien, M. Forlanini, avait tenu compte de cette observation et, pour amener une amélioration de rendement, il avait songé à employer, au lieu de gros flotteurs, des plaquettes d'acier complètement immergées et qui, sous l'influence de la vitesse, recevraient de l'eau une poussée suffisante pour déjauger l'hydroplane.

L'application de son système à l'hydraéroplane paraît présenter de gros avantages, comme on pourra s'en rendre compte au cours de l'étude technique suivante.

Soit un corps plat quelconque immergé sous l'eau. Faisons-le avancer à une vitesse V et sous une incidence α avec l'horizontale (fig. 9). Le flotteur va éprouver de la part de l'eau une résistance R qui, à chaque instant, est bien déterminée en fonction de l'incidence α et de la vitesse V. Décomposons R en deux forces, l'une horizontale T ou *traînée*, l'autre verticale P, ou *poussée*. À chaque valeur de l'incidence α correspondront des valeurs de P et de T qui pourront être enregistrées expérimentalement. Des recherches de ce genre ont été faites par divers ingénieurs, mais beaucoup n'ont pas été poussées suffisamment loin. Seuls, trois ingénieurs italiens, MM. Forlanini et les capitaines Crocco et Ricaldoni,ont donné à leurs études l'ampleur qu'elles demandaient. Ils ont pu, au moyen des valeurs relevées,tracer des courbes dont l'allure générale est celle de la figure 10.

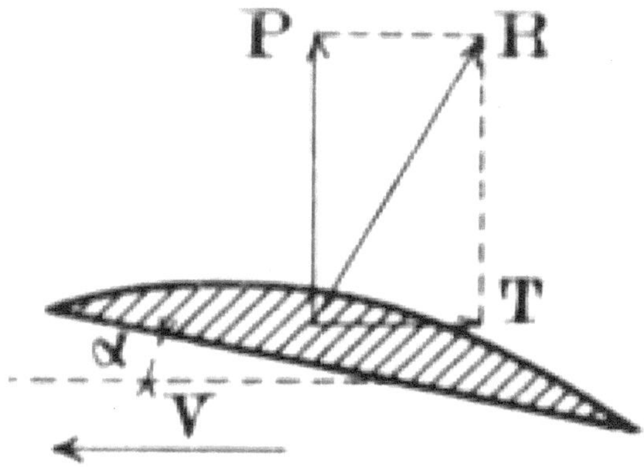

Fig. 9.

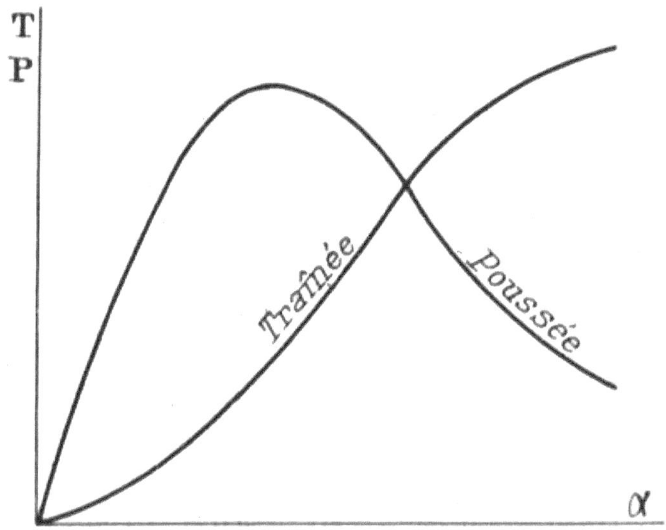

Fig. 10.

Les valeurs enregistrées permettent de tracer pour chaque type de palette une courbe dont l'allure définira immédiatement les caractéristiques de la palette.

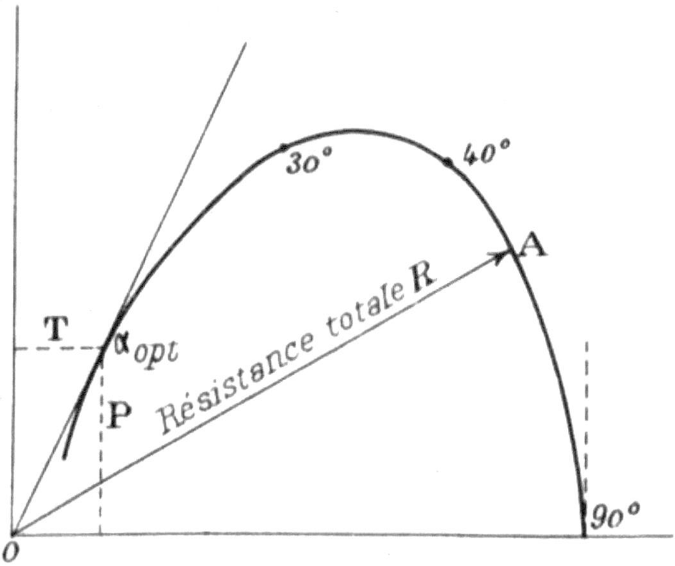

Fig. 11.

Soient, en effet, deux axes O*x* et O*y*, rectangulaires en O (fig. 11). Du point O, faisons partir un rayon vecteur variable OA représentant à chaque instant en grandeur et direction la valeur de la résistance R sur la palette pour des angles α compris entre 0° et 90°. Le point A, extrémité de ce rayon vecteur, va décrire une courbe qui définit la palette au point de vue qui nous intéresse.

Cette courbe nous permet de rechercher facilement quel est l'angle d'incidence α pour lequel la palette donne le rendement maximum, c'est-à-dire l'angle α pour lequel on a P/T minimum. Cette incidence α_{opt} correspond au point de contact de la tangente issue de O à la courbe. C'est celle qu'il faut adopter avec autant de précision que le permettra l'appareil.

Soit *n* la valeur du rapport de la poussée à la traînée correspondant à cette incidence optimum α_{opt}. Appelons *q* l'effort sustentateur que fournit la plaque d'acier de 1 m² lorsque, sous l'incidence α_{opt} on la déplace à une vitesse de 1 mètre par seconde.

On aura, pour une vitesse V et une surface S quelconques,

$$P = q\,SV^2$$

D'autre part,

$$T = P / n$$

La puissance à développer pour obtenir la vitesse V est :

(1) $$\mathscr{P} = TV = (P / n)\,V$$

Cette formule nous amène à l'énoncé d'une proposition très intéressante et qui présente une importance capitale pour qui songerait à l'application du système Forlanini aux hydraéroplanes :

La puissance nécessaire à la mise en mouvement d'un sustentateur immergé et soulevant hors de l'eau un poids constant P varie simplement proportionnellement à la vitesse de ce sustentateur.

Dans la formule **(1)**, P, poids soulevé, est constant ; on a donc :

$$q\,SV^2 = \text{const.}$$

comme q est constant, il faut que S varie, inversement proportionnellement au carré de la vitesse de l'appareil.

On est amené pour cela à l'emploi de systèmes se déjaugeant peu à peu, à mesure que croît V.

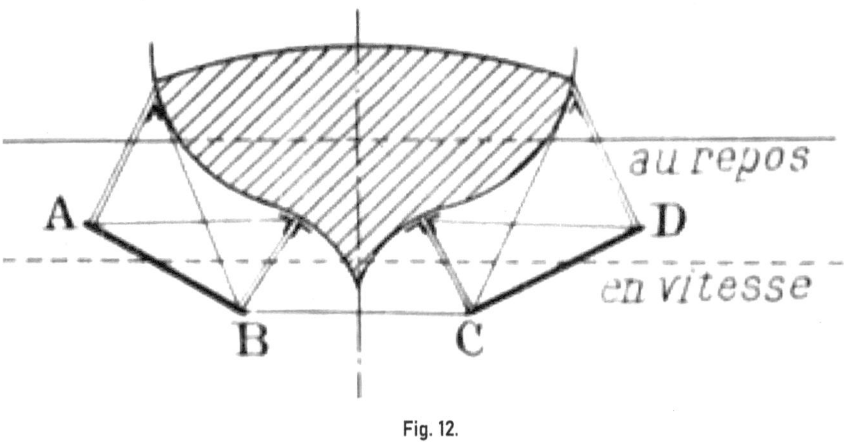

Fig. 12.

Forlanini avait disposé ses plaquettes en étages, comme nous l'avons vu plus haut (fig. 5). Elles sortaient de l'eau une à une. Le système avait l'inconvénient de ne pas fournir une bonne stabilité latérale. Pour y obvier, M. Thompson et le capitaine Crocco employaient des plaques d'acier disposées en V sous l'hydroplane (fig. 12). C'est sans doute à ce dernier système qu'il conviendrait de s'arrêter si l'on tentait une application à l'hydraéroplane.

Données numériques

Les expériences faites par les ingénieurs italiens que nous avons nommés montrent que, pour des plaques en acier poli, d'arquée $1/12$, le coefficient *q* défini plus haut, égale 25. L'angle d'incidence optimum, celui pour lequel le rendement est le meilleur, est 4°.

On a donc la formule pratique :

$$P = 25\,SV^2$$

P = poids soulevé en kilogrammes ;
S = surface des plaques d'acier, en mètres carrés ;
V = vitesse de l'appareil, en mètres par seconde.

On tire de là :

$$S = P / 25V^2$$

Il ne faut pas oublier que la valeur de V qui rentre dans la formule n'est pas celle de l'envol, mais une valeur très faible qu'on se fixe. On veut, par exemple, déjauger rapidement : on choisit V = 20 km/h. À partir de 20 km/h, les plaques seules sont dans l'eau. L'appareil est alors libre de filer et d'atteindre, en quelques secondes, sa vitesse d'envol.

chapitre III

Équilibre de l'hydraéroplane pendant la durée de son contact avec l'eau

I. — Équilibre des corps flottants

Considérons un corps quelconque flottant sur l'eau. En vertu du principe d'Archimède, ce corps reçoit de la part du liquide une poussée dirigée de bas en haut égale au poids du liquide déplacé. Cette poussée est appliquée au centre de gravité de la partie immergée, réduite en eau.

D'autre part, la pesanteur, égale à la poussée de l'eau et 'dirigée en sens contraire de celle-ci, est appliquée au centre de gravité du corps flottant.

L'équilibre du corps ne pourra donc avoir lieu que si ces deux forces sont égales et directement opposées, condition qui sera réalisée dans une infinité de positions auxquelles correspondront une infinité de centres de poussée ou *centres de carène.* Ceux-ci seront placés sur une surface qu'on appelle *surface d'égale carène.*

Voyons maintenant quelles sont les conditions de l'équilibre du corps.

Soit AB (fig. 13) le plan de flottaison correspondant à une position d'équilibre du corps. Écartons légèrement, autour du milieu de AB, le corps de cette position en l'amenant à une position infiniment voisine pour laquelle le plan de flottaison est A'B'. Nous aurons engendré deux onglets de volumes sensiblement égaux. Soient γ' et γ'' les centres de

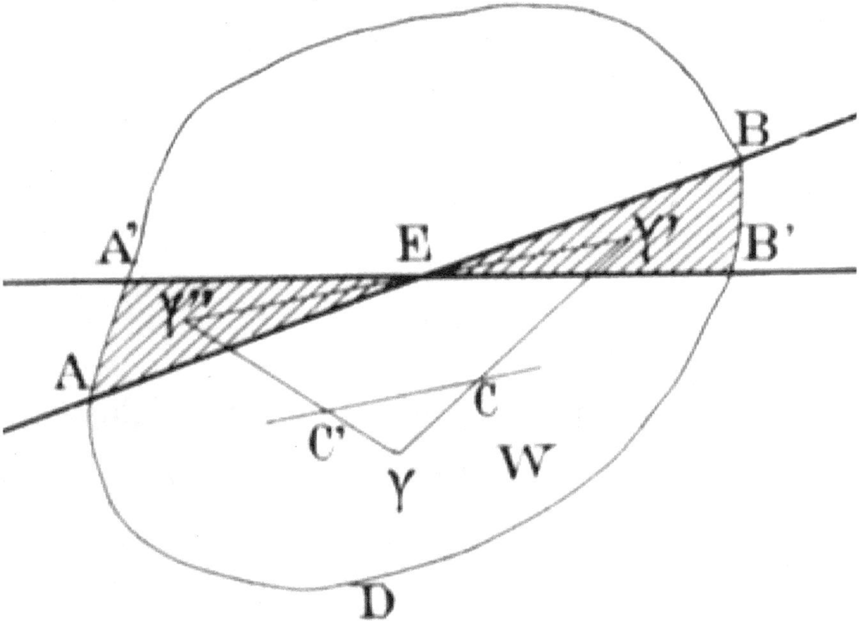

Fig. 13.

poussée de ces volumes infiniment petits. Soit γ celui de la partie AEB'D du corps.

Le centre de poussée du volume ABD, composé du volume commun W = AEB'D et de l'onglet EBB' sera placé sur la droite $\gamma\gamma'$, en un point C et l'on aura :

$$C\gamma \,/\, C\gamma' = EBB' \,/\, W$$

celui qui correspond à la seconde flottaison A'B' est composé de l'onglet AEA' et du volume W. Son centre de poussée est donc sur $\gamma\gamma''$ et C' tel que :

$$C'\gamma \,/\, C'\gamma'' = A'EA \,/\, W$$

Comme l'on a

$$\text{vol. } EBB' = \text{vol. } A'EA.$$

on aura :

$$C\gamma \,/\, C\gamma' = C'\gamma \,/\, C'\gamma''$$

La droite CC' est donc parallèle à γ' γ'' et, si le déplacement est infiniment petit, CC' sera parallèle à une droite du plan de flottaison AB. Et, par suite, le plan tangent en C à la surface de carène est parallèle au plan de flottaison.

Construisons cette surface. Prenons dessus un centre de poussée. Le plan de flottaison correspondant à la position d'équilibre dans laquelle il intervient est donc parallèle au plan tangent à la surface de carène en ce point.

Le centre de gravité du corps est donc nécessairement placé sur une des normales à la surface de carène en ce point.

II. – Stabilité des corps flottants.

Soit maintenant un corps en équilibre à la surface de l'eau. Le centre de gravité G et le centre de poussée C sont sur la même verticale. Représentons par une trace S la surface de carène du corps (fig. 14).

Écartons ce dernier de la position qu'il occupe. Nous avons un nouveau centre de carène C'. La poussée de l'eau P*e* et le poids P

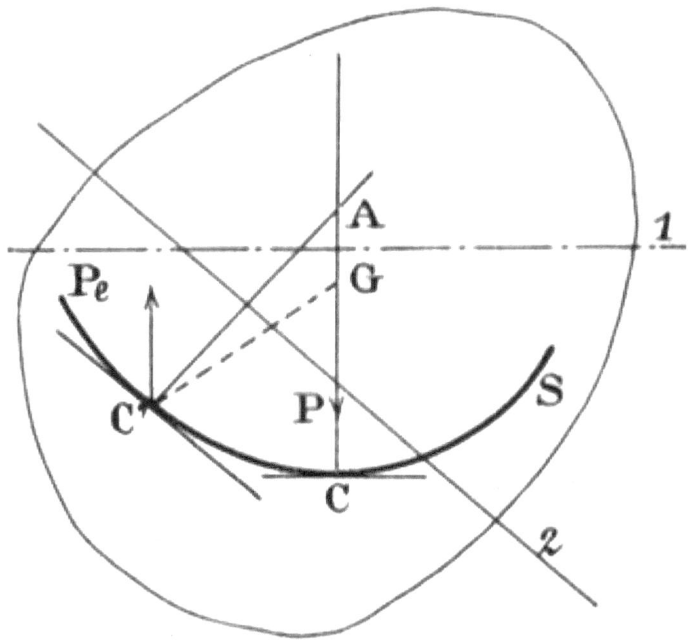

Fig. 14.

forment un couple. Si celui-ci tend à ramener le corps à sa position première, l'équilibre est stable ; s'il est nul (cas d'une sphère, par exemple), l'équilibre est *indifférent* ; s'il tend à augmenter l'inclinaison, l'équilibre est *instable.* C'est le premier cas qui, seul, nous intéresse pour l'étude de l'hydraéroplane.

L'équilibre est stable tant que G est à gauche de la normale en C' à la surface de carène, autrement dit, tant qu'il est en deçà du point de rencontre des normales en C et C' à cette surface. Ce point A s'appelle le *métacentre.* On voit que la position de ce point, par rapport au centre de gravité est très importante à connaître.

Munis de ces simples notions, nous pouvons faire d'intéressantes remarques sur les difficultés plus ou moins grandes qu'il y aura à réaliser un hydraéroplane stable. Nous pourrons décomposer l'étude en deux parties sans aucun inconvénient.

III. – Équilibre latéral

Soit un appareil schématique vu de face, représenté par une ligne AB figurant les ailes. Coupons par un plan passant par le centre de gravité G. Nous pouvons étudier l'équilibre latéral comme si les forces étaient

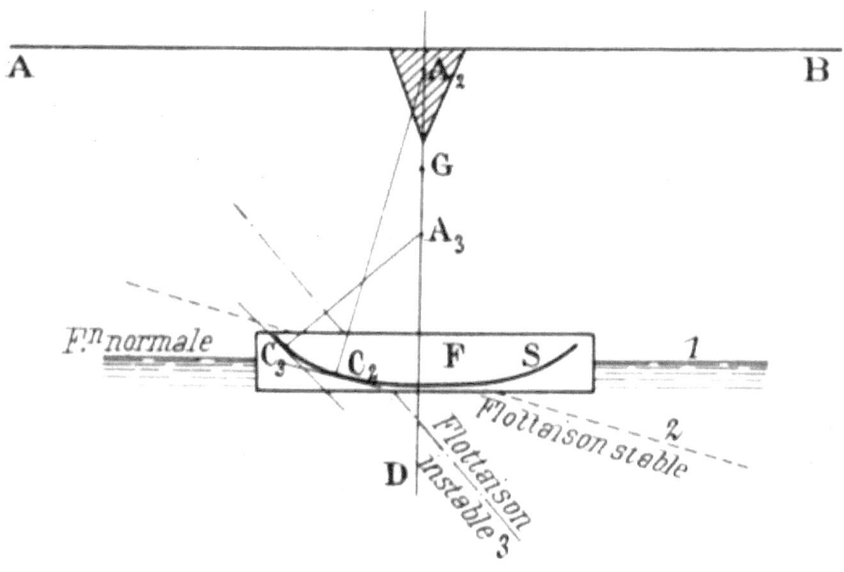

Fig. 15.

toutes dans ce plan. Soit S la surface de carène dont la partie intéressante se réduit à peu près à la trace sur le plan de figure. Soit F le flotteur (fig. 15).

Nous voyons immédiatement que, si l'hydraéroplane est stable, pour une position 2, correspondant au méta-centre A_2, il chavirera au contraire à la position 3 (métacentre A_3). Comment va-t-on arriver à reculer la position dangereuse qui correspond au passage du métacentre sur la portion de droite GD ? La chose est théoriquement aisée ; deux moyens sont à notre disposition :

- Le premier consistera à abaisser considérablement G. Ainsi l'appareil de la figure 16 est complètement inchavirable.
- Le second amènera à réaliser une ligne de carène très peu courbée. On pourra par ces moyens arrivera ce que le métacentre extrême soit encore au-dessus de G.

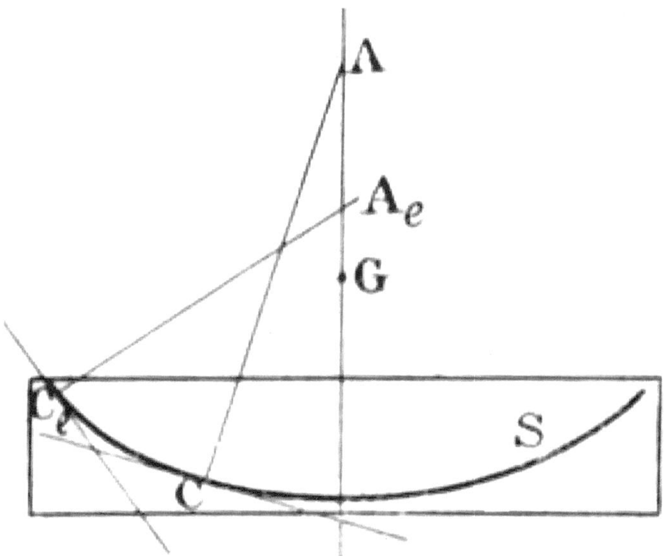

Fig. 16.

Pratiquement, ce n'est que dans de faibles limites qu'on peut songer à appliquer ces moyens, dans les aéroplanes actuels tout au moins. En effet, la position du centre de gravité de la machine entière ne nous appartient pas par rapport aux ailes ; elle est déterminée par l'étude aérodynamique et il nous faut considérer que le centre de gravité est fixé par rapport aux ailes.

Pour le rapprocher de la ligne de carène on est donc amené à rapprocher le système flotteur des ailes, à placer au besoin dans ce dernier le centre de gravité. On aurait une sorte dė canot automobile à ailes.

Quel serait l'inconvénient du système ? Les ailes seraient gênées par la proximité de l'eau et l'envol serait difficile, sinon impossible. S'il n'est pas nuisible de diminuer la hauteur du châssis portant les flotteurs, il y aurait donc inconvénient grave à exagérer cette diminution.

Examinons le second moyen que nous avons cité : il nous amènera, *a priori*, à avoir un large flotteur, très plat, modèle contraire à la bonne marche de l'hydraéroplane pendant son envol.

On arrivera au but en employant deux flotteurs parallèles écartés, comme le fit Henri Fabre. La stabilité latérale est alors parfaite (voir ci-dessous). Mais un autre inconvénient survient : le choc d'une lame sur un flotteur fatigue énormément l'aile au point de raccordement.

Il faut donc prohiber l'emploi des flotteurs trop écartés.

Les deux systèmes proposés par la théorie ont donc l'un et l'autre de graves défauts. Mais, fort heureusement, en les employant simultanément, on arrive à trouver une valeur optimum, conciliant toutes les exigences mécaniques.

On est alors amené à employer deux flotteurs allongés pour éviter l'emploi d'une barque trop large et assez rapprochés pour amoindrir la fatigue dont nous avons parlé plus haut.

Les données qu'on a à sa disposition pour déterminer les formes des flotteurs et leur écartement sont peu nombreuses.

Reprenons en détail les parties exposées plus haut.

IV. – Étude du système à deux flotteurs écartés

Le premier modèle d'hydraéroplane ayant fonctionné a été établi par M. Henri Fabre, à Marseille. Il est décrit plus loin. Contentons-nous pour l'instant de voir quelles sont les caractéristiques du système.

L'hydraéroplane Fabre reposait sur trois flotteurs A, B, C ; les deux premiers A et B (fig. 17) placés sous les ailes et le troisième sous le stabilisateur placé à l'avant.

L'écartement *e* des flotteurs A et B était environ le tiers de l'envergure E. La distance *h* des flotteurs A et B aux ailes était à peu près égale à 0,04 *e*.

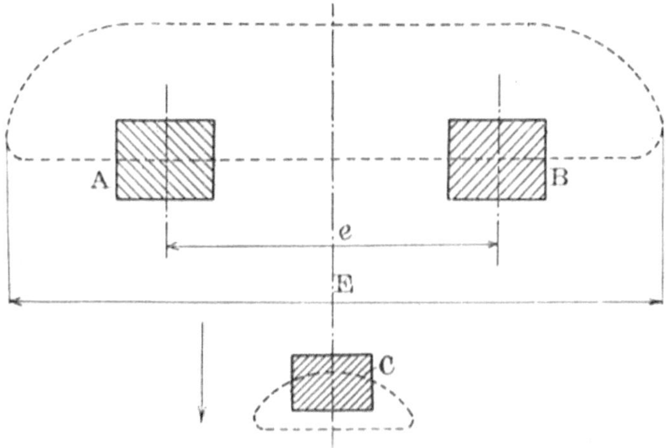

Fig. 17.

L'appareil était un monoplan et son centre de gravité pouvait se trouver sensiblement dans le plan horizontal passant par le sommet du V très faible que formaient les ailes entre elles (fig. 18).

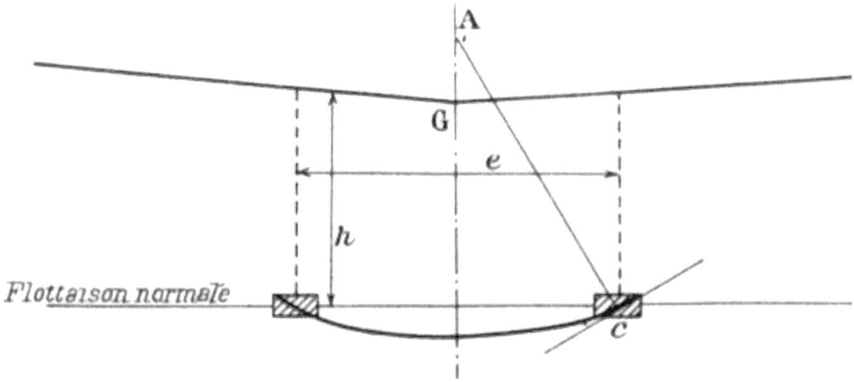

Fig. 18.

La surface de carène S est très aplatie, comme sur la figure, et ne se relève qu'aux extrémités. La position critique d'inclinaison nous est donnée en menant la normale à cette surface, au point C par exemple. On voit que l'équilibre transversal est absolument complet. Il est même trop fort.

Comment va-t-on trouver la meilleure valeur de l'écartement *e* ? La chose est relativement facile.

Soit un appareil muni de ses flotteurs A et B (fig. 19) et représenté par une ligne MN figurant les ailes. Soit I la flottaison normale. Soit *h* la distance des ailes à cette flottaison, hauteur qu'a choisie le constructeur en se basant sur des considérations aérotechniques.

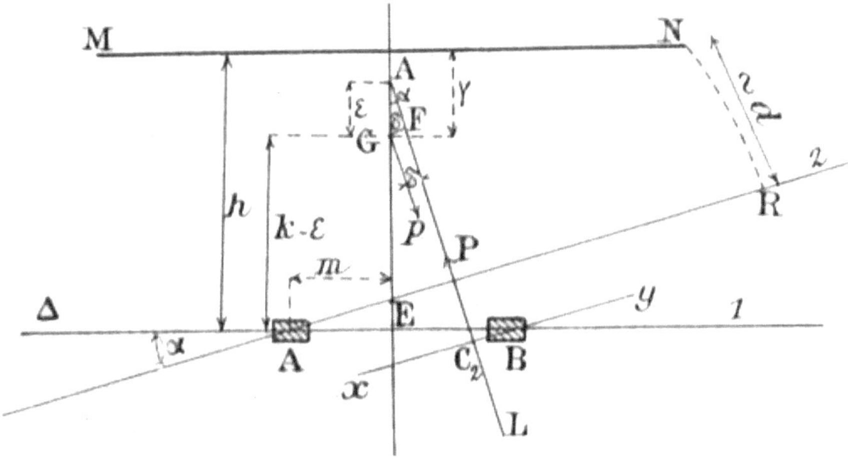

Fig. 19.

On peut admettre que, dans la période de départ, les ailes de l'aéroplane ne doivent pas venir en contact avec l'eau ou même se tenir continuellement à une distance minimum de celle-ci, *d*.

On tracera de A un arc de cercle et l'on prendra de N une distance approximative *d*. On aura un point R. La flottaison extrême consentie est donc AR. Il faut que, dans cette position supposée par l'étude, l'hydroplane soit stable. Son métacentre doit encore se trouver au-dessus de G et suffisamment pour que le couple redresseur soit assez énergique pour agir rapidement.

Soit C_2 le centre de poussée des flotteurs dans cette position d'immersion. Nous savons que le plan passant par C_2 et parallèle au plan de flottaison 2 est tangent à la surface de carène en ce point. Soit *xy* sa trace. Menons la perpendiculaire à *xy*. Nous avons en A le métacentre.

Le couple redresseur est $P\delta$. Il est égal au produit du poids de l'appareil par la distance δ entre deux perpendiculaires au plan de flottaison, et issues du centre de poussée et du métacentre.

Munis de la valeur minimum du couple redresseur Γ, de l'inclinaison maximum α déduite de *d*, du poids approximatif P de l'appareil complet, connaissant la hauteur du centre de gravité G de ce dernier par rapport aux ailes et la hauteur *h* entre ailes et flotteurs, on peut donc déterminer le centre de poussée pour que l'hydroplane ne chavire pas.

On opérera ainsi : on tracera une horizontale 2 représentant la surface de l'eau. Un point A représentera l'un des flotteurs supposé fournissant sa poussée normale. On fait passer par A une ligne faisant un angle α avec la ligne 2 et l'on dessine le schéma de l'appareil en prenant cette ligne comme ligne de flottaison normale. Abaissons du centre de gravité G, donné par γ, une perpendiculaire à la flottaison extrême 2 et traçons une parallèle à cette perpendiculaire distante d'elle de δ, tel que :

$$\delta = \Gamma / P$$

Nous aurons en A la position nécessaire du métacentre. Le centre de poussée doit se trouver sur AL, très voisin de C_2, intersection de AL et de Δ.

Si nous traçons par C_2 une horizontale, nous avons un plan tangent à la surface de carène. Répétant cette construction pour diverses valeurs de α, nous envelopperons cette dernière courbe et il ne nous restera plus qu'à étudier des flotteurs fournissant une courbe analogue.

Tirons maintenant la valeur de *m*. On a :

$$m = k \operatorname{tang} \alpha$$

k étant égal à AE

$$k = EG + GA.$$

Dans AGF, on a :

$$GA = \delta / \sin \alpha$$

k = EA est donc connue, et l'on a bien :

$$m = k \operatorname{tang} \alpha$$

d 'où

(1) $$m = (h - \gamma + (\delta / \sin \alpha)) \operatorname{tang} \alpha$$

L'écartement des flotteurs est donc fonction de l'angle d'inclinaison maximum α et du bras de levier δ du couple redresseur Γ qui doit encore exister à cette inclinaison.

L'étude précédente montre donc bien que l'écartement des flotteurs peut être déterminé par un simple calcul, dès qu'on connaît le couple Γ.

C'est la détermination de celui-ci qui est la partie la plus difficile.

C'est par la pratique raisonnée, c'est d'après l'étude des moments d'inertie d'appareils existants qu'on trouvera Γ.

Nous avons dit, dans l'étude précédente, que le constructeur appréciait l'inclinaison maximum que peut prendre l'hydraéroplane en se donnant la distance minimum admissible entre l'extrémité des ailes et l'eau.

En rivière, en étang ou, d'une façon plus générale, en eau calme, le choix de cette distance *d* est immédiat. Une telle simplicité ne suffit plus en mer où l'eau est continuellement agitée par le vent qui crée des vagues. Ces vagues, quand le vent est régulier, sont elles-mêmes régulières et l'on peut prendre cette régularité relative pour base d'une étude plus approfondie.

V. – Les vagues.

Quand un vent régulier souffle à la surface de la mer, l'eau prend un mouvement régulier connu sous le nom de *vague* ou *lame*. La section de la surface par un plan perpendiculaire au plan de la direction du vent est alors une courbe semblable à celle de la figure 20, présentant des bosses et des creux alternativement disposés les uns à la suite des autres.

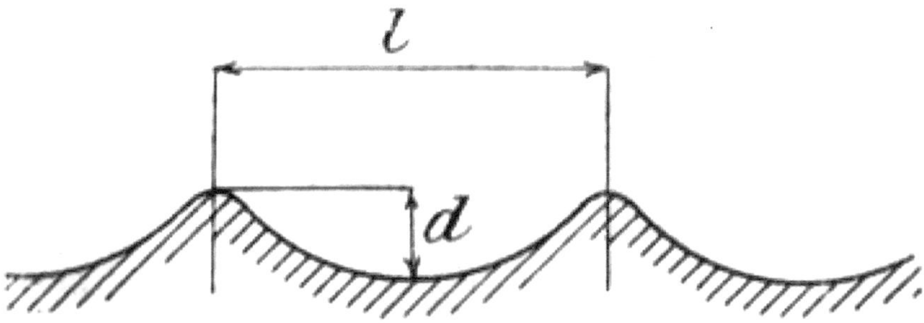

Fig. 20.

Si un hydraéroplane à deux flotteurs se trouve arrêté en mer et que le vent s'élève, il va donc, si son plan longitudinal de symétrie est perpendiculaire au plan de figure, être soumis à un mouvement de balancement et il prendra des inclinaisons qui pourront devenir dangereuses si l'on n'a pas prévu une stabilité suffisante. Il convient donc d'examiner quelles valeurs cette inclinaison peut atteindre sur des lames dues aux vents que peut affronter l'appareil lors de ses sorties et de voir s'il ne chavirera pas. Pour cela, il suffira de faire un dessin exact de la lame et d'y placer la machine dans la position la plus défavorable.

La distance *l* d'une crête à l'autre d'une lame est égale environ, d'après les mesures faites depuis de longues années dans la marine, à (fig. 20) :

$$l = 30 \sqrt[2]{V}$$

V étant la vitesse du vent.

La hauteur *d*, mesurée entre la crête et le creux d'une lame, est donnée par la formule de l'amiral Coupvent-Desbois, qui l'a établie à la suite de plusieurs milliers de mesures laborieuses ; c'est :

$$d = 0,68\ V^{2/3}$$

En prenant pour V la valeur maximum de la vitesse du vent que peut affronter l'aéroplane en l'air, il est donc possible de dessiner, au moyen des renseignements qui vont suivre, le profil des lames sur lesquelles se trouveront les flotteurs lors d'une sortie normale.

Le profil d'onde des lames en mer est une courbe identique à une *trochoïde* circulaire, décrite par un point fixé à l'intérieur du cercle roulant[1]. La période est évidemment égale à 2πR, R étant le rayon du cercle. On peut construire géométriquement la trochoïde. Soit *r* la distance du point décrivant au centre O du cercle. Traçons par O une horizontale OX. Avec ce même point comme centre, traçons un cercle de rayon *r*. Portons sur OX une longueur égale à 2πR, c'est-à-dire à la période (fig. 21).

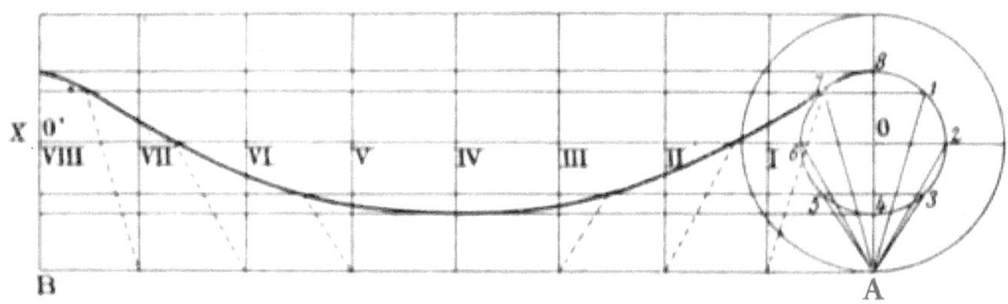

Fig. 21.

Divisons OO' et la circonférence de rayon *r* en un même nombre de parties égales, un nombre pair, 2*n*, 8 par exemple. Numérotons les

(1) La *trochoïde circulaire* est une courbe que décrit un point E fixé au plan d'un cercle quand ce cercle roule sur une droite.

points obtenus sur OO' et numérotons les divisions de la circonférence dans un sens opposé à son sens de rotation. Joignons A, point de contact du cercle roulant avec la droite sur laquelle il s'appuie, aux points 1, 2, 3, etc. Faisons passer par ces derniers des parallèles à OX.

Si l'on mène par les points de contact du cercle, roulant avec AB, des parallèles aux droites A1, A2. ... correspondantes, on a, aux intersections avec les parallèles à OX issues de 1, 2, 3, 4, etc., les points de la trochoïde cherchée[(2)].

Ayant ainsi tracé cette courbe, on verra facilement les positions les plus critiques que peut prendre l'hydraéroplane qui repose sur une telle lame. Quand le vent supposé est faible, les crêtes des lames sont peu distantes et il est inutile de se livrer à un tel travail. Il suffit de supposer entre les flotteurs une dénivellation maximum *d* donnée par la formule citée plus haut. Le cas le plus critique est, en effet, dans ce cas, celui de la figure 22.

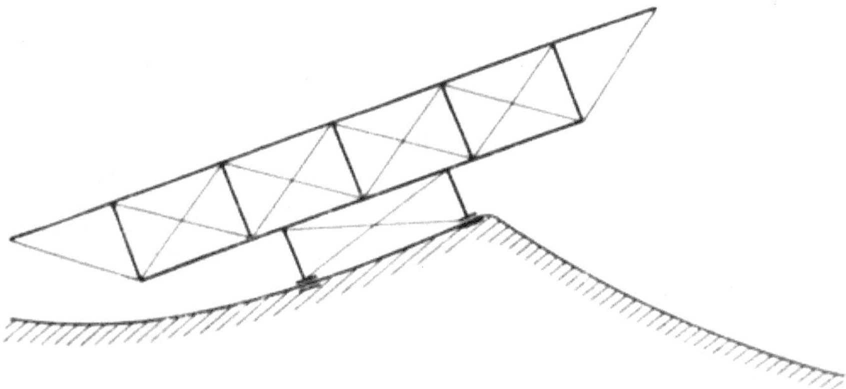

Fig. 22.

Mais, si l'on étudie un appareil destiné, quand il ne peut voler, à rester au repos sur l'eau à proximité de l'escadre auquel il appartient, c'est une vitesse de vent beaucoup plus considérable que dans le cas précédent qu'il faut adopter. Les lames prennent alors des proportions plus fortes et il est intéressant de connaître leur profil aussi exactement que possible pour voir les positions que l'hydroplane prendra dessus. Le tracé de la trochoïde devient utile dans ce cas.

(2) D'après la propriété des roulettes, les normales passent, en effet, par les points de contact du cercle roulant avec AB.

Au point de vue de l'équilibre, la position la plus critique, dans le cas de vagues assez fortes, correspond à peu près et pour la plupart des châssis, au moment où l'un des flotteurs est au sommet de la trochoïde (fig. 22).

Remarque. — À la suite du paragraphe précédent, on peut nous faire remarquer que, lorsque les vagues prennent de grandes proportions, il est bien impossible qu'un hydraéroplane reste au-dehors, le vent suffisant à lui seul à le détruire ou à le faire chavirer.

À cette observation, il faut répondre que l'avenir est proche où nous verrons des appareils volants affectés aux escadres. Ces appareils seront munis de voiles repliables à la façon de celles qu'avait employées Henri Fabre, de sorte que, le vent s'élevant, ils pourront venir amerrir auprès de leurs vaisseaux. En repliant leurs voiles, ils pourront rester sur l'eau et résister ainsi à des vents assez forts, sans qu'il soit nécessaire de les hisser à bord.

Indépendamment de cela, l'étude de la façon dont se tient l'appareil sur les vagues régulières est encore utile car, plusieurs heures après la cessation du vent, le phénomène d'agitation de l'eau continue : c'est la *houle*. Celle-ci peut avoir lieu par un temps favorable au vol et, si le départ a lieu dans une petite baie où l'effet de la houle ne se fait pas sentir, il n'en faut pas moins prévoir le cas où l'appareil serait forcé de se poser plus loin en mer et l'étudier pour qu'il soit capable de parer dans des limites aussi grandes que possible aux chavirements.

VI. — Inconvénient des deux flotteurs écartés

Les systèmes composés de deux flotteurs très écartés présentent un inconvénient capital et qui a trait à la résistance des parties constituant l'appareil.

Soit un hydraéroplane reposant sur la mer par un temps de lames assez fortes. Suivant la vitesse du vent, la longueur des lames variera. Trois cas pourront se présenter :

1. - Premier cas. — La longueur d'une lame est égale à l'écartement 2 *m* des flotteurs. Cette lame correspond à une vitesse du vent que nous pouvons apprécier grossièrement. Nous savons en effet que

$$l = 30 \sqrt[2]{V}$$

et que

$$2\,m = 2\,(h - \gamma + (\delta/\sin\alpha))\,\text{tang}\,\alpha$$

D'après ce que nous venons de dire,

$$l = 2\,m$$

ou

$$15\,\sqrt[2]{V} = (h - \gamma + (\delta/\sin\alpha))\,\text{tang}\,\alpha$$

d'où nous tirons la valeur de la vitesse du vent :

$$V = \left[\frac{\left(h - \gamma + \frac{\delta}{\sin\alpha}\right)}{15}\,\text{tang}\,\alpha\right]^2$$

Quand V est égale à cette valeur, l'hydraéroplane n'est donc soumis qu'à un mouvement de translation verticale alternativement positif et négatif.

Le système à deux flotteurs n'a donc aucun désavantage sur les autres dans ce cas particulier qui ne peut se produire que très rarement.

2. - Deuxième cas. — La longueur de la lame est plus grande que l'écartement des flotteurs.

L'appareil sera alors soumis à un mouvement de balancement et les cas les plus défavorables seront ceux où la distance entre un creux et une crête située à quelque distance de là égale l'écartement entre flotteurs.

L'hydraéroplane passe de la position I à la position II avec une vitesse assez grande et les points d'attache des ailes au système flotteur reçoivent

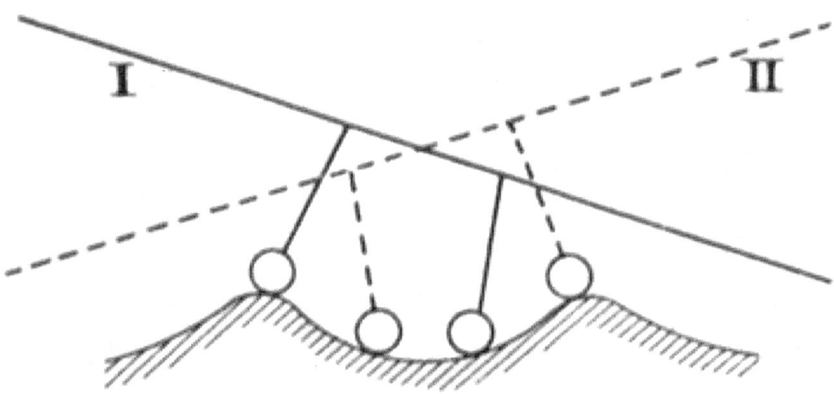

Fig. 23.

des efforts énormes dus à l'inertie des ailes. La période d'oscillation des vagues est, en effet, assez courte. Elle est proportionnelle à la racine carrée de la vitesse du vent

$$2T = 4{,}4 \sqrt[2]{V}$$

On conçoit facilement la fatigue des pièces constituantes d'un appareil de 14 m à 20 m d'envergure passant de la position I à la position II de la figure 23 dans de telles conditions de durée.

Le système des flotteurs écartés présente donc de grands inconvénients dans le cas dont nous venons de parler, et qui est le cas général.

3. - Troisième cas. — La longueur de la lame est beaucoup plus grande que l'écartement des flotteurs.

L'appareil flotte alors à la surface de la vague, monte et descend, s'incline de part et d'autre.

Le système à deux flotteurs n'a pas d'inconvénients marqués dans ce cas qui, comme nous l'avons dit plus haut, est plutôt à envisager pour l'avenir, pour les appareils en repos à proximité de leurs escadres.

Conclusion

La conclusion de tout ce que nous avons dit au sujet de l'emploi des flotteurs écartés en hydro-aviation se résume ainsi :

L'écartement des flotteurs augmente beaucoup la stabilité transversale, mais il est très mauvais en eau agitée (cas II). Il a l'inconvénient, dans ce dernier cas, de fatiguer énormément les pièces et il peut en résulter des accidents. Il faut donc réduire le plus possible l'écartement des flotteurs.

VII. — Étude du système à flotteur central unique.

C'est le système du *Curtiss* dernier modèle (fig. 24). Il se compose d'une barque centrale qui porte tout l'aéroplane.

Comme le système est assez difficile à maintenir en équilibre, l'ensemble peut pencher d'un côté ou de l'autre. Deux petits flotteurs *a* et *b*, étanches, fixés aux extrémités des ailes, empêchent l'immersion.

Le système à flotteur central n'est pas toujours stable, car il y a parfois de grandes difficultés à placer le centre de gravité dans de bonnes conditions au-dessous du métacentre A. Lui-même est placé très bas la plupart du temps, une barquette unique comme celles qu'on est forcé d'employer si

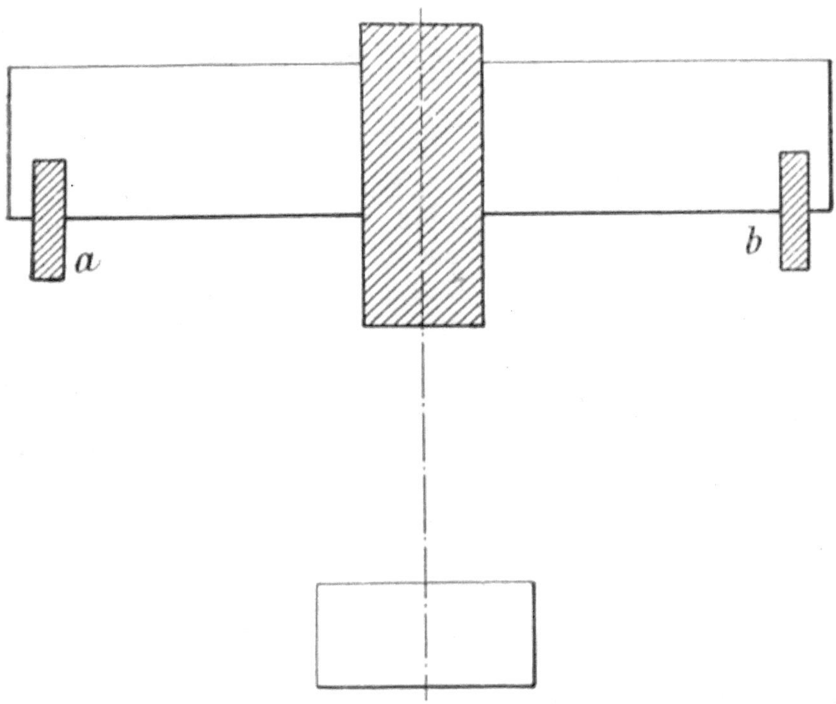

Fig. 24.

l'on veut avoir un bon envol, donnant une surface de carène très courbée. Le chavirement se produit à partir d'une faible inclinaison.

Conclusions

Le système à flotteur unique présente de gros avantages dont le premier est la résistance moindre offerte à l'eau pendant l'envol ; une barque unique se fixe plus simplement à l'aéroplane que deux plus petites et la résistance de l'air est plus faible.

Le flotteur unique est excellent en mer quand l'eau est agitée en vagues ou en houle.

Pour la stabilité transversale de l'hydroplane au repos et aux premiers instants du départ, l'emploi du flotteur unique n'est bon qu'à condition d'avoir été judicieusement étudié pour l'appareil auquel il s'adapte.

Chacun des deux systèmes que nous avons vus a donc des avantages et des inconvénients. Il convient donc de ne pas se lancer aveuglément dans l'emploi de l'un ou de l'autre. Une bonne solution consiste à employer deux flotteurs très allongés et à les rapprocher le plus possible l'un de l'autre, ce dernier écartement étant choisi comme nous l'avons vu. C'est en opérant ainsi qu'on arrive à avoir d'excellents hydraéroplanes comme le *Henri Farman* et le *Maurice Farman* qui, loin d'être parfaits, se sont tout de même fort bien comportés au meeting qui eut lieu en mars-avril dernier à Monaco. Cependant, l'avenir paraît réservé aux appareils munis d'un seul flotteur, comme le dernier *Curtiss* et surtout le *Donner Lévêque*, construit par Denhaut.

VIII. – Équilibre statique longitudinal des hydraéroplanes

L'étude de l'équilibre statique longitudinal se fait exactement suivant les mêmes observations que précédemment. Nous n'insisterons pas sur ce point, nous contentant de remarquer que construire un hydraéroplane stable longitudinalement est chose aisée, vu la facilité qu'on a d'écarter les flotteurs, qui sont tous en contact avec l'eau aux premiers instants du départ.

Nous terminons donc ici l'étude de l'équilibre statique de l'hydraéroplane. Pour compléter la documentation technique, nous allons maintenant dire quelques mots des phénomènes qui se passent quand la vitesse de l'appareil sur l'eau devient importante. Hâtons-nous d'observer que l'étude de l'équilibre dynamique est assez imprécise, et qu'il ne faut la considérer que pour la compréhension générale et non comme un moyen précis d'arriver à des résultats numériques utiles.

IX. – Équilibre dynamique des hydraéoroplanes

Considérons un hydraéroplane schématique composé des ailes AB, d'un stabilisateur C et de flotteurs D et F, avançant dans le sens de la flèche I (fig. 25). Dès qu'il atteint une certaine vitesse, l'appareil éprouve les actions des forces suivantes :

1. - La *poussée* totale de l'air, P*a* ;
2. - La *traînée* totale de l'air, T*a* ;
3. - La *poussée* de l'eau sur toutes les parties mouillées, P*e* ;
4. - La *traînée* de l'eau sur ces mêmes parties, T*e* ;
5. - Le poids total de l'appareil, G ;
6. - La poussée de l'hélice, P*h*.

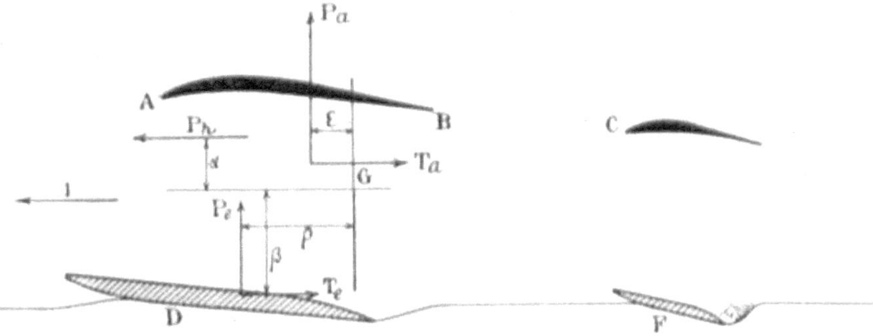

Fig. 25.

Pour qu'il soit en équilibre, il suffit que la somme des forces horizontales ou *traînées* soit nulle, ainsi que celle des forces verticales ou *poussées* :

$$P_H = Te + Ta$$

$$Pe + Pa = G$$

et que la somme des moments de toutes ces forces par rapport à un point, G par exemple, soit nulle. Il faut que :

$$\mathcal{M}_{t_a} P_H = \mathcal{M}^t_G T_e + \mathcal{M}^t_G T_a,$$
$$\mathcal{M}^t_G P_e + \mathcal{M}^t_G P_a = \mathcal{M}^t_G G$$

ou :

(1) $$Ph.\alpha = -Tc.\beta + Ta.\gamma$$

(2) $$-Pe.\rho - Pa.\varepsilon = 0$$

γ, α, ε sont des données de l'étude aérodynamique de l'aéroplane. Seules, ρ et β sont inhérentes au système flotteur. On les appréciera en fonction des autres données. De **(1)** on tire :

$$\beta = (Ta.\gamma - Ph.\alpha) \;/\; Te$$

et de **(2)** :

$$\rho = - Pa.\varepsilon \,/\, Pe$$

Ces valeurs nous définissent par rapport au centre de gravité le centre d'application des résistances de l'eau sur les flotteurs pour que l'équilibre subsiste en marche. C'est une déduction très intéressante. De là résulte un plan d'étude pratique. Pour construire un bon système flotteur, l'étudier d'abord au point de vue statique, comme nous l'avons montré, sans se préoccuper d'autre chose ; puis, connaissant son volume, le réaliser en formes allongées pour offrir moins de résistance à l'eau. Ceci fait, supposer les flotteurs faiblement inclinés sur l'horizontale et étudier quelle sera la position du centre de poussée total, si on les fait avancer à la vitesse d'envol de l'aéroplane.

Ceci donne Pe et Te, d'où :

$$P_H = Te + \text{résistance de l'air sur l'appareil}$$

et l'on peut calculer β et ρ.

L'évaluation des forces Pe et Te se fait d'après des expériences sur les coques de canots. On peut la faire au moyen des formules que nous avons données dans un autre Chapitre.

Nous arrêterons ici l'étude de l'équilibre de l'hydraéroplane pour passer à la construction.

chapitre IV

Ce qui a été fait en hydroaviation

I. Généralités

Les premières expériences qui ont trait à l'hydroaviation remontent déjà à quelques années. C'est sur flotteurs qu'étaient, en effet, montés les appareils d'études des promoteurs du plus lourd que l'air en France : Archdeacon, Blériot et Voisin.

Les essais les plus anciens sont ceux de l'Autrichien Wilhelm Kress, qui fut un précurseur de l'aviation. D'autres furent faits dans la suite par Margrave et aussi par le major von Parseval, en Allemagne.

Cependant, ce n'est que plus tard qu'on arriva réellement à la construction de l'hydraéroplane, puisque c'est au milieu de 1910 seulement qu'eurent lieu les premiers vols : ceux de Henri Fabre, à Marseille.

Peu de temps après, Fabre était suivi par Curtiss et ensuite par Voisin. Aujourd'hui, le nombre des hydraéroplanes capables de quitter la surface de l'eau est très grand et l'on prévoit pour ce genre de machines un perfectionnement aussi rapide que celui que subit l'aéroplane depuis deux ans.

Nous allons, au cours de ce Chapitre, décrire quelques-uns des plus remarquables appareils hydrovolants.

Grâce aux quelques études techniques qui précèdent, le lecteur pourra se faire une idée assez précise des avantages de l'un ou des autres systèmes qui ont été établis jusqu'ici.

II. – Les études de Henri Fabre

M. Henri Fabre s'est spécialisé depuis longtemps dans les recherches aérodynamiques et c'est en 1905 qu'il commença réellement ses études d'appareils.

L'aéroplane marin Henri Fabre est un appareil qui a été longuement étudié en vue de la résistance aux attaques de l'air marin sur ses parties constituantes (fig. 26).

Fig. 26.- L'appareil marin H. Fabre.

Il se compose d'un châssis vertical analogue à un cadre de bicyclette sur lequel est fixé :

- À l'arrière, la surface portante principale et le moteur en arrière encore de cette surface ;
- À l'avant, les gouvernails de direction et de profondeur ainsi que le stabilisateur ;
- Au milieu, le siège du pilote.

Cet ensemble aéroplane repose sur trois flotteurs hydroplanes, l'un à l'avant du châssis, les deux autres sous les surfaces principales arrière.

Les Flotteurs. — Ce sont des hydroplanes du type Ricochet-Bonnemaison, en ce sens que la surface hydroplane est constituée par le fond même de l'organe flotteur.

Mais, tandis que dans le Ricochet la stabilité longitudinale est obtenue en plaçant l'une devant l'autre deux surfaces hydroplanes réunies par un redan et formant ensemble un flotteur unique, ici la surface avant a été complètement séparée de la surface arrière et chacune de ces surfaces forme le fond d'un flotteur différent. On obtient ainsi les avantages suivants :

- Les surfaces peuvent être très éloignées l'une de l'autre, ce qui augmente la stabilité longitudinale sur eau.
- Si l'on a soin de diviser la surface arrière en deux flotteurs parallèles suffisamment éloignés, on augmente considérablement la stabilité latérale et les flotteurs arrière ne se trouvent pas dans de l'eau déjà agitée par le passage des flotteurs avant.

Chaque flotteur ayant son fond constitué par une seule surface continue peut affecter une forme peu résistante à l'air. On évite ainsi la résistance de l'air du redan et le flotteur remplit une troisième fonction : il sert de surface portante dans l'air.

Cette forme de flotteur, surface plane dessous, surface cylindrique dessus, a l'avantage d'agir comme surface hydroplane, même si le flotteur se trouve complètement immergé.

Ainsi, il peut disparaître à travers une vague, il n'engage pas, mais reçoit, au contraire, par le fait de sa vitesse, une poussée verticale de bas en haut plus énergique que jamais.

D'ordinaire, ce type de surface hydroplane a l'inconvénient de donner lieu, en vitesse, à des chocs très durs dès qu'il y a les moindres vagues.

Le Canard d'Henri Fabre (*Histoire de l'Aéronautique*).

La surface portante en contact avec l'eau,qui n'est que de quelques décimètres carrés en vitesse, se trouve instantanément décuplée à la moindre dénivellation de l'eau, cela en raison de la faible inclinaison de la surface sur l'horizontale. Le flotteur reçoit alors des accélérations verticales de bas en haut égales à 10 fois son poids.

Pour absorber ces chocs dangereux, les flotteurs hydroplanes Fabre ont la surface portante souple. Elle est constituée par une feuille de bois contre-plaquée en trois épaisseurs qui travaille à la manière d'une peau de tambour.

De la sorte, l'ossature même des flotteurs est préservée des chocs trop brutaux des vagues, comme la roue et l'essieu d'une voiture sont préservés par le pneumatique des chocs de la route.

En plus de cela, une très grande souplesse est ménagée entre la carcasse du flotteur et les parties lourdes de l'appareil.

Comme on peut s'en rendre compte par l'examen de la figure 26, l'élasticité de presque toutes les pièces montantes de l'appareil : ailes, longerons de châssis, câbles d'acier, etc., entre en jeu pour transmettre l'effort de la vague au moteur et au pilote. Les flotteurs ont, au repos, un tirant d'eau extrêmement faible : 25 cm environ.

La forme fuyante du dessous des flotteurs permet de passer sur les algues, filets et autres corps flottant s, ainsi que de s'échouer sans danger, même en vitesse.

Les ailes. — Ce sont les ailes Fabre à voilure reployable.

Pour un aéroplane marin, la nécessité de plier la voilure, lorsque l'aéroplane est au repos, s'impose davantage que sur terre.

Lorsque l'aéroplane est arrivé dans un port et qu'on veut l'y laisser séjourner quelques jours, il est de toute nécessité de serrer la voilure de ses ailes pour que l'appareil ne soit pas culbuté par les coups de vent qui peuvent survenir.

Les ailes Fabre réalisent la solution de ce problème, et une fois la voilure de l'appareil serrée, ce dernier ressemble à un navire à sec de toile.

L'aile se compose d'une poutre armée placée tout à fait à l'avant de l'aile, et qui constitue l'unique longeron de l'aile.

Cette poutre armée est très solide, de sorte qu'on peut l'employer à des besognes diverses ; en particulier, c'est elle qui est chargée de donner appui aux flotteurs, de maintenir le couple du moteur, de donner à l'appareil sa rigidité, etc.

Cette poutre, d'une construction toute spéciale et dont nous dirons quelques mots plus loin, est employée non seulement pour les ailes et gouvernails, mais encore pour les longerons de châssis et pour les carcasses des flotteurs ; en un mot, tout, dans l'appareil, est en poutre armée Fabre. Sur la poutre armée sont fixées des nervures analogues aux rémiges d'une aile d'oiseau.

Ce sont des lames de bois superposées et collées à la manière d'un ressort de voilure ; elles viennent s'encastrer à une extrémité dans la poutre armée et travaillent à la flexion à l'encastrement.

Les lattes sont fixées à la poutre armée à l'aide de brides.

La toile. —C'est le simili-soie employé sur les voiles légères des yachts de course. Entièrement cousue à la main, munie d'œillets et de renforts comme les voiles de bateaux, elle ne se fixe plus à l'aide de clous de tapissier, mais à la manière d'une voile de navire qu'on envergue sur ses espars.

On peut donc facilement enlever la voilure pour la laver ou la réparer, puis la remettre rapidement en place, et cela sans démonter aucune pièce du squelette de l'aile.

La voile comporte des gaines aux endroits qui correspondent aux lattes de l'aile ; pour la mettre en place, on enfile ces lattes dans les gaines : la voile vient alors se fixer sur l'avant contre la poutre armée à l'aide d'un système ingénieux de baguettes de bois enfilées dans l'ourlet, tandis que sur l'arrière la voile vient se fixer sur chaque extrémité de latte à l'aide de claps ou crochets à ressorts.

C'est en ouvrant ces crochets que la voilure se détend, et coulissant autour des lattes à l'aide de ses gaines, comme un fourreau autour d'un parapluie, vient se serrer contre la poutre armée.

Un tel dispositif a l'avantage de permettre de détendre la voilure lorsqu'elle ne fonctionne pas ou lorsqu'elle reçoit la pluie ou l'humidité, pour la retendre ensuite à volonté.

Toutes les pièces travaillant dans l'aéroplane Fabre sont des poutres armées remarquablement légères et résistantes.

Elles sont formées de deux semelles réunies par des croisillons

Leur résistance à la flexion et à la compression est remarquable par rapport à leur poids total : le type normal pèse 3 kg par mètre courant et supporte entre deux appuis distants de 3 m une charge de 450 kg en son milieu avant de fléchir.

Henri Fabre et le moteur Gnome du premier hydravion (*Histoire de l'Aéronautique*).

Sur la même longueur, il résiste à 2300 kg de compression en bout (essais officiels du Laboratoire des Arts et Métiers).

Cette résistance, doublée d'une grande rigidité, permet d'employer les poutres d'un appareil aux besognes les plus diverses : ce sont des « lignes de solidité » qu'il suffit de maintenir entre elles par quelques câbles pour pouvoir y appuyer patins, moteurs, ailes, en des points quelconques, avec la plus entière sécurité : la disparition des innombrables tendeurs en fil d'acier en découle immédiatement, et la rapidité du montage, la faible résistance à l'avancement, la facilité d'examen après un choc, ainsi que la suppression de tout réglage en cours de service, sont parmi les avantages que procure leur emploi.

Les poutres Fabre se construisent en trois types correspondant aux besoins des appareils actuels.

	Section	Poids par mètre courant kg	Résistance sur 3 m	
			Flexion	Compression
Poutres légères (planeurs)	150 x 80	1,200	200	1000
Poutres fortes (appareils courants)	150 x 150	2,500	500	2300
Poutres extra-fortes (spéciales)	200 x 200	4	1200	3500

III. – Les hydraéroplanes de Curtiss

Les expériences de Curtiss sont les plus intéressantes après celle de Fabre. Ce sont celles qui réussirent les premières après les essais de Marseille.

Avant d'arriver au modèle actuel qui figura au meeting de Monaco, Curtiss a expérimenté en Amérique, à Hammondsport, un premier appareil muni d'un système flotteur différent de celui de Fabre. La cellule principale était supportée par un unique flotteur ayant une envergure de 2 m et une profondeur de 1,50 m. Ce flotteur était composé d'une carcasse en bois recouverte d'une mince tôle d'acier. Sa section était plate en dessous et le dessus avait une forme convexe renflée à l'avant et ayant une flèche de 0,40 m.

Devant le flotteur principal était disposé un second flotteur, de même forme, mais de dimensions beaucoup plus faibles, puisqu'il n'avait que 45 cm de profondeur et 15 cm de flèche. Son envergure était de 1 m. Ce flotteur secondaire équilibrait l'appareil au repos.

Pour obtenir la stabilité sur l'eau, Curtiss avait muni son appareil d'une sorte de gouvernail de profondeur de 2 m d'envergure sur 20

Fig. 27. - L'hydraéroplane Curtiss 1912.

cm de profondeur, composé d'une mince plaque d'acier offrant peu de résistance aux fluides. Cette plaque d'acier était montée à une profondeur égale à environ 30 cm. Elle attaquait l'eau sous un angle de 25° environ et constituait, grâce à sa mobilité autour d'un axe, un stabilisateur qui assurait à l'appareil une position convenable pendant sa période de contact avec l'eau.

À part cette partie nautique que nous venons de signaler, l'hydraéroplane de Curtiss différait beaucoup des modèles d'aéroplanes ordinaires de la même marque. Celui qui fut expérimenté à Hammondsport et sur lequel Curtiss réalisa ses plus beaux vols avait 8 m d'envergure et ses plans avaient 1,45 m de profondeur.

Les principales modifications apportées à l'aéroplane terrestre étaient assez importantes. D'abord le gouvernail de profondeur était beaucoup plus rapproché des ailes. Ensuite, les ailerons étaient mobiles autour d'axes situés dans le plan des bords arrière des plans, tandis que dans les Curtiss ordinaires ces axes sont à hauteur des bords avant.

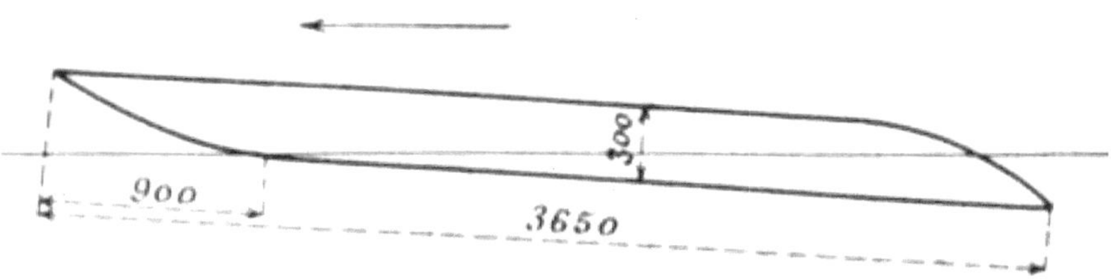

Fig. 28.

Avec ce premier appareil, Curtiss réussit quelques belles performances. Mais, désireux de poursuivre plus loin ses recherches, il ne tarda pas à établir son second aéroplane marin. Celui-là diffère totalement du premier.

C'est en février 1911 qu'eurent lieu les premiers essais de cette nouvelle machine. Cette fois, l'appareil n'est plus soutenu sur l'eau que par un seul flotteur.

Ce flotteur mesure 3,65 m de longueur, 0,60 m de large et 0,30 m d'épaisseur (fig. 28). Il a donc un allongement assez considérable, si on le compare aux appareils établis précédemment. Le profil du flotteur est semblable à celui de la figure. Le dessous se relève régulièrement à partir d'une distance de 90 cm environ de l'avant. Le dessus s'abaisse dans les mêmes conditions.

Muni d'un tel système flotteur, le second Curtiss offre une résistance à l'avancement beaucoup moins considérable que celle du premier modèle dans lequel les flotteurs séparés, le stabilisateur et les surfaces destinées à protéger moteur et aviateur contre les embruns, constituaient une surface nuisible énorme tant en l'air que sur l'eau.

Les expériences de Curtiss ne se sont pas bornées là. Et bien que ce dernier type d'hydraéroplane ait donné à son constructeur toute satisfaction, il a construit un nouveau modèle dans lequel l'hélice était tractive au lieu d'être propulsive. Le système flotteur était le même, mais le ponton était immergé de quelques centimètres de plus, en raison du poids supplémentaire qu'avait introduit l'adoption d'un moteur plus puissant. C'est avec cet hydraéroplane que Curtiss lui-même prit part aux manœuvres navales de San-Francisco.

Le quatrième type de Curtiss est le fameux *Triad* sur lequel Paulhan, Robinson, etc., volèrent à Monaco et sur diverses plages européennes. Dans le *Triad*, nous voyons réapparaître l'hélice propulsive. De plus, l'appareil est muni, cette fois, des trois roues qui lui permettront de rouler sur le sol.

Le premier hydravion de Curtiss à San Diego (1911) (*Histoire de l'Aéronautique*).

La mise au point du *Triad* occupa Curtiss pendant 2 mois (mars et avril 1911), à Hammondsport, et aboutit à l'adoption de cette machine dans la marine des États-Unis. Quelques modifications lui furent apportées dans la suite.

De celles-ci, il faut retenir surtout l'adjonction d'un système de deux roues mobiles que l'aviateur pouvait élever ou abaisser à volonté, de sorte que ces roues ne gênaient nullement le déplacement rapide sur l'eau.

Il faut aussi noter le montage du stabilisateur avant sur le flotteur lui-même, grâce à un petit pylône en tubes d'acier (fig. 27).

Dans le modèle suivant, qu'il étudia à San-Diego, Curtiss s'attacha surtout à réaliser un appareil qui put résister à une houle plus forte que celles qu'il avait jusqu'alors affrontées. De nouveau, il abandonne l'hélice propulsive pour la remplacer par deux hélices placées à l'avant et tournant dans le même sens. Ces hélices sont placées plus haut que l'ancienne hélice propulsive pour combattre l'effet de l'abaissement du centre de résistance.

Le flotteur, courbé comme les précédents, à l'avant et à l'arrière, a 6,10 m de long, 1,36 m de largeur et 0,90 m d'épaisseur.

La courbure de l'avant commence à 90 cm du bord, tandis que celle de l'arrière a un rayon beaucoup plus considérable.

L'appareil ne comporte plus de surface auxiliaire à l'avant.

Le moteur, un 60 chevaux Curtiss, huit cylindres en V, est monté sur le flotteur juste au bord du plan inférieur. Le siège de l'aviateur est placé au milieu de ce dernier, dans un capot ménagé à cet effet, entre le réservoir d'essence et le radiateur.

Cet hydraéroplane, qui est le plus récent qu'ait établi Curtiss, présente sur les précédents des avantages incontestables. Beaucoup plus stable qu'eux, il peut affronter la mer par des temps assez agités, à peu près ceux auxquels résiste un canot automobile de mêmes dimensions. Il marque un réel progrès dans la recherche du problème et l'on conçoit facilement les espérances de l'inventeur sur son *Flying Boat.*

IV. – Hydraéroplane Burgess.

Alors que la Société Wright ne s'était pas encore intéressée à l'hydraéroplane, les appareils Wright de la Marine américaine ont été tous transformés par la Société Burgess, de Marblehead, la seule firme américaine construisant avec la licence Wright.

L'hydraéroplane Burgess est un Wright deux places, muni d'un six-cylindres qui peut être mis en marche du siège de l'aviateur.

Les flotteurs sont de petites barques allongées. Ils sont fixés à l'endroit où se trouvent d'ordinaire les patins. Ils n'offrent aucun caractère particulier. Leur longueur atteint 4,25 m, leur largeur 0,61 m, leur épaisseur 253 mm. Chacun d'eux pèse environ 13 kg.

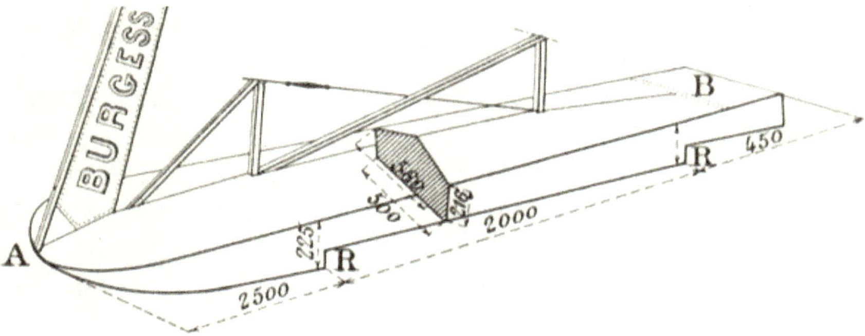

Fig. 29.

Dans ses derniers modèles, la Société Burgess emploie toujours deux flotteurs parallèles, mais ceux-ci, quoiqu'ayant conservé l'allure générale des premiers, ont été modifiés. Ils ont les cotes de la figure 29. Ils comportent deux redans R. Ils sont constitués par une charpente en spruce.

Les faces latérales sont recouvertes d'un bordé en cèdre d'Espagne, de 6 mm d'épaisseur. Le dessous est en cèdre aussi, mais d'une épaisseur de 12 mm. L'ensemble est recouvert de forte toile. Le dessus du flotteur, qui présente une arête, comme on le voit sur la section hachurée de la figure, est en tôle d'aluminium. Le poids d'un flotteur est 38 kg.

V. – Hydraéroplane Paulat.

L'hydraéroplane Paulat a été établi sur les plans de l'ingénieur roumain Paulat.

Cet appareil est à plans décalés mais, alors que, dans les aéroplanes de ce genre construits jusqu'ici, la surface supérieure s'avance au-delà de la surface inférieure, comme dans le *Goupy*, le *Henri Farman*, le *Maurice Farman*, etc., c'est elle qui se trouve ici en arrière.

Dans le Paulat, c'est le fuselage lui-même qui sert de flotteur. Il constitue une sorte de canot automobile AB sur lequel est monté le reste du système. La partie antérieure A est recouverte d'un bordé en cèdre qui lui assure une grande résistance, tandis que la partie arrière B est simplement constituée par une toile tendue sur la charpente du fuselage (fig. 30).

Le châssis comporte des roues pour l'atterrissage sur le sol. L'axe de ces roues est en C : il est mobile et, par un système original, breveté d'ailleurs, il peut être élevé ou abaissé à volonté par l'aviateur.

Les plans de la cellule principale ont 10 m d'envergure et 2,20 m de largeur. À l'avant est placé le gouvernail de profondeur de 6 m. La stabilité latérale est assurée par de petits ailerons G. Tous ces organes sont manœuvrés par le volant N.

A l'arrière de l'empennage stabilisateur I est disposé un plan K mobile autour d'une charnière, comme les gouvernails de profondeur ordinaires. Ce plan est immobile en vol. Ce n'est que pour le réglage que l'on agit dessus par la commande M. Pour chaque charge ou répartition de charge, cette surface a une position telle que les ailes de l'appareil soient dans de bonnes conditions de travail.

Une particularité de l'hydraéroplane de Paulat est le montage de ses deux hélices tournant en sens inverse. L'une de ces hélices, la plus grande, est à l'arrière du plan supérieur, tandis que l'autre tourne entre les deux ailes. La première a 3 m de diamètre, la seconde 2,40 m. Ce système de propulsion paraît donner de bons résultats.

VI. - Hydraéroplane A.-V. Roe.

Les ateliers d'aviation A.-V. Roe, de Manchester, ont été chargés de l'exécution d'un appareil, étudié par M. Schwann, et qui a donné aux essais d'excellents résultats.

Cet hydraéroplane n'est autre qu'un petit biplan à fuselage entoilé sous lequel sont montées deux barquettes allongées. Sa caractéristique réside en ce fait que ces dernières sont seules à assurer la flottaison au repos. La queue ne comporte pas de flotteur comme dans presque tous les types actuels.

L'appareil a 8,30 m d'envergure. Les ailes ont une profondeur de 1,53 m. Longueur totale, 7,30 m. Le moteur qui le propulse est un 30-40 chevaux de la grande marque anglaise Green ; il actionne une hélice de 2,60 m de diamètre et de 1,08 m de pas.

Les flotteurs ont 3,96 m de longueur et offrent une section carrée de 0,38 m de côté. Ils sont fixés directement aux patins qui se trouvent sous les ailes et à un emplacement tel que le centre de carène soit légèrement en avant du centre de poussée sur les plans.

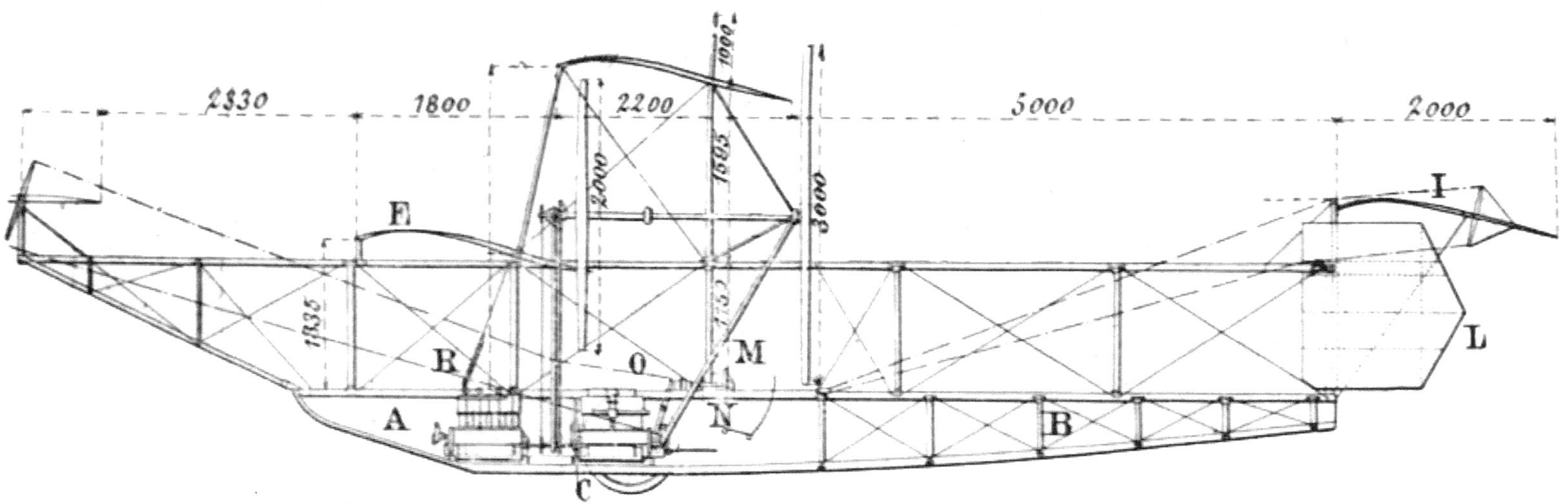
2330
1800
2200
5000
2000
1000
2000
1585
3000
1835
F
B
O
M
N
A
C
B
I
L

Fig. 30_

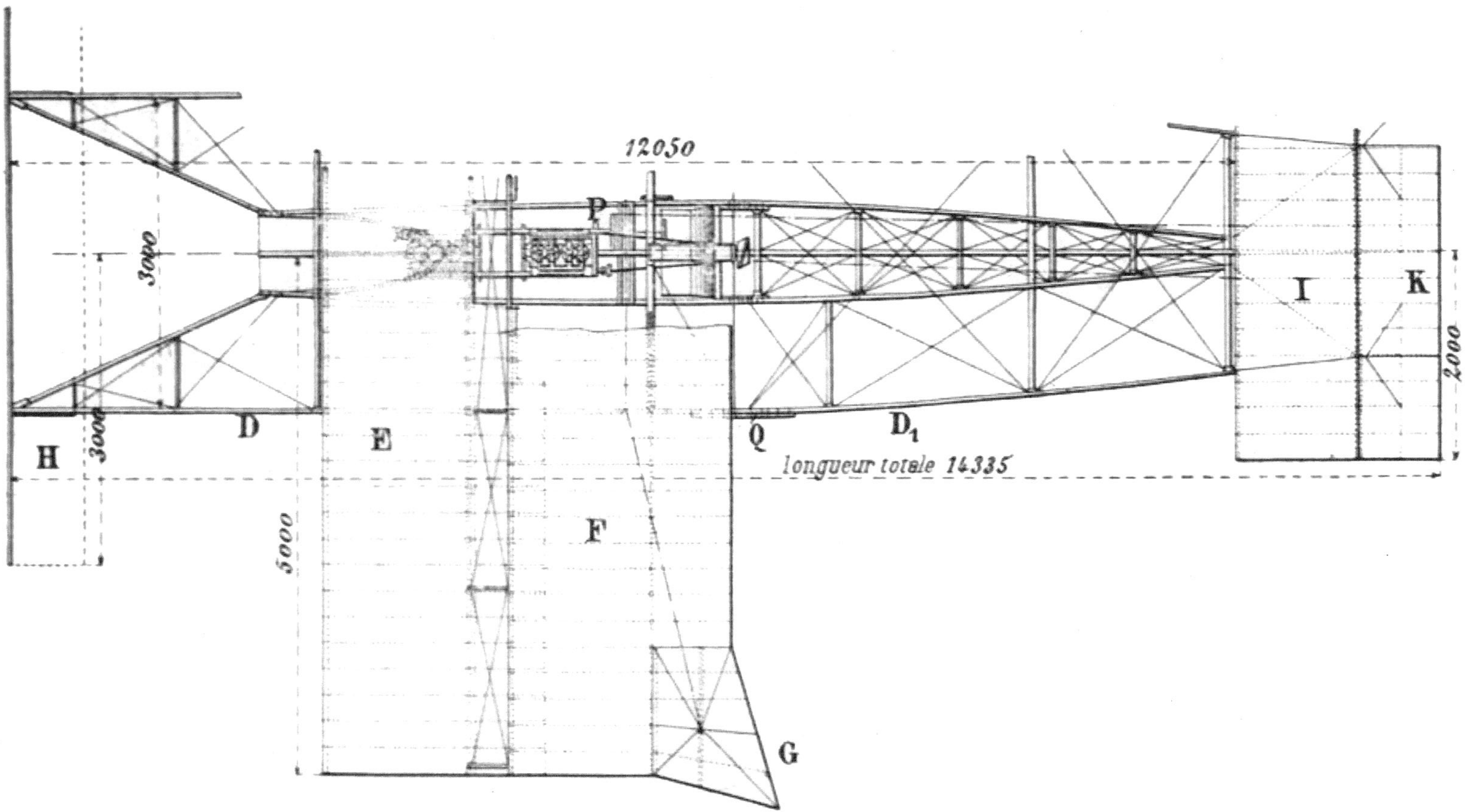
12050
P
3000
I
K
2000
H
3000
D
E
Q
D1
longueur totale 14335
5000
F
G

Fig. 30_

Dans ces conditions, l'angle du fond des flotteurs avec l'horizontale est environ 5°. Ces flotteurs sont construits d'une façon un peu spéciale à l'appareil de Roe. Ils se composent d'une charpente en bois sur laquelle est plaqué un bordé en duralumin, le fameux métal dont on a tant parlé en aviation depuis quelques années.

Le bordé pouvant se perforer à la suite de chocs avec des corps durs, les constructeurs ont prévu à l'intérieur des flotteurs des caissons étanches qui, le cas échéant, suffiraient à empêcher l'immersion.

Les essais de l'hydraéroplane A.-V. Roe ont eu lieu en 1912, au mois d'avril, à Barrow-in-Furness. Ils ont fourni à l'observation des résultats très intéressants, notamment sur les phénomènes qui se produisent au moment de l'envol.

On a mesuré par exemple que, dès l'instant où les flotteurs quittaient l'eau, la vitesse passait de 40 km à 65 km à l'heure et ceci sans transition appréciable, à tel point que le pilote éprouvait pendant un instant tous les effets d'une accélération très forte.

Une autre observation très intéressante est celle de l'extrême difficulté qu'avait l'aviateur, M. S.-V. Sippe, pour quitter l'eau avec le vent arrière, difficulté qui, à son avis, n'est pas comparable à celle qu'on a à combattre dans les mêmes conditions sur le sol.

VII. – Hydraéroplane Coffyn (fig. 31).

L'hydraéroplane de M. Coffyn a été expérimenté un des premiers. C'est un biplan Wright, modèle B, sous lequel sont montés des flotteurs aux lieux et places des patins. Ces flotteurs ont une section rectangulaire. Le dessus est plat, tandis que le dessous se relève vers l'avant pour venir le rejoindre au bord antérieur.

Leur construction est très facile ; ils sont constitués par une simple charpente en sapin recouverte de tôle d'aluminium d'une épaisseur de 2 mm. Le dessous et les panneaux latéraux sont pris dans la même pièce de tôle, tandis que le dessus leur est réuni par un rivetage solide qui fournit un joint absolument étanche.

À l'avant de chaque flotteur, la plaque de tôle continue à s'avancer vers le haut et constitue un écran qui empêche les embruns, dus à la vitesse, d'arriver jusqu'à l'aviateur, et au moteur. Ainsi construits, les deux flotteurs pèsent ensemble 45 kg environ.

Fig. 31.- L'hydraéroplane Coffyn.

Ils sont montés sous l'aéroplane de façon que les plans attaquent l'air sous leur angle normal dès que la vitesse suffisante est atteinte. Un tube d'acier très fort les réunit pour assurer plus sûrement leur connexion rigide. La distance entre le dessus des flotteurs et le plan inférieur est légèrement plus forte que celle des patins ou même dans l'appareil terrestre, et ceci afin d'éviter de gêner l'envol par une trop grande proximité entre l'eau et un plan porteur.

Le départ du moteur est obtenu par le pilote lui-même qui actionne facilement la manivelle de démarrage en montant sur le flotteur de droite.

Les essais de l'appareil ont commencé en février 1912 à New-York. Ils ont donné d'excellents résultats et l'on peut prévoir qu'ils permettront à l'inventeur de faire d'utiles remarques qui aboutiront à l'établissement d'un type nouveau, beaucoup plus perfectionné que celui-ci qui, aujourd'hui, commence à sembler assez, primitif.

Plus récemment, la Société Wright a construit un hydraéroplane du même type comportant deux flotteurs analogues à celui que représente la figure 32. Le flotteur Wright comporte trois redans R. Du sommet de ces redans partent des tubes d'acier qui viennent se réunir à un seul, débouchant sur le dessus du flotteur en T. Par ces canaux s'évacue l'air qui, par suite de la vitesse, pourrait être comprimé dans les cavités des redans. Une soupape S est prévue pour vider l'eau qui pénètre à la longue dans le flotteur. Le flotteur est constitué par une charpente en spruce sur laquelle est plaqué un bordé de 4 mm d'épaisseur, en même bois. Le tout est recouvert de toile.

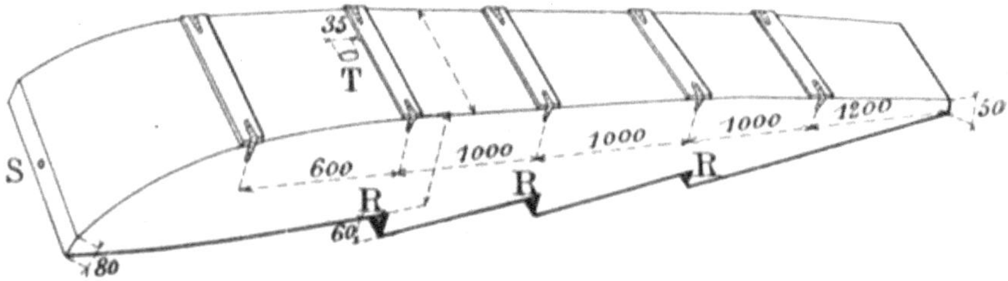

Fig. 32.

VIII. – Hydraéroplane Nieuport (fig. 33).

Fig. 33.- L'hydraéroplane Nieuport.

La maison Nieuport a mis en expérience un de ses monoplans muni de deux flotteurs allongés en forme de barquettes. Ces flotteurs se composent d'un corps cylindrique à section rectangulaire. Le fond se relève vers le haut à l'avant et le tout est arrondi (fig. 34). Le fond de chaque flotteur comporte un redan R qui augmente les qualités de glissement sur l'eau. Cette observation est, d'ailleurs, appliquée sur tous les appareils nautiques à grande vitesse.

Fig. 34.

À l'avant, et s'étendant de chaque côté,le flotteur porte deux petites ailes en acier qui ont pour but de l'empêcher de s'engager dans l'eau. Dans le cas où celui-ci manifesterait une tendance de ce genre, elles recevraient, en effet, de la part de l'eau une poussée suffisamment grande pour arrêter le phénomène.

IX. – Hydraéroplane Dufaux.

L'hydraéroplane construit par les deux inventeurs bien connus, Armand et Henry Dufaux, est le résultat d'études commencées depuis longtemps. C'est un biplan à fuselage qui est muni d'un grand flotteur sous l'avant.

Le flotteur avant a une grande envergure qui lui permet d'attaquer l'eau avec un rendement en poussée très fort. Il pèse 45 kg environ et a un volume de 800 litres. L'arrière de l'appareil est muni de ballonnets qui le font flotter au repos.

L'hydraéroplane Dufaux a été expérimenté en 1910 au-dessus du lac de Genève et il a donné là d'excellents résultats. Malheureusement, les expériences ont été peu à peu abandonnées et cela a entravé le perfectionnement de cette machine qui, à son époque, présentait un caractère de nouveauté tout à fait marqué.

X. – Hydraéroplane Gnoszpelius.

L'hydraéroplane de Gnoszpelius, expérimenté au mois d'avril 1912 sur le lac de Wildermere par M. Kemp, n'offre pas de grandes particularités.

C'est un monoplan d'une forme classique dont les ailes rappellent celles du Blériot. La queue cruciforme leur est réunie par un fuselage triangulaire non entoilé.

Le système flotteur est constitué par un gros ponton central du profil général, réuni au fuselage par deux rangées de jambes de force et qui assure à lui seul la sustentation au repos.

Pour éviter le contact des ailes avec l'eau en cas de renversement, deux petits flotteurs sont montés aux extrémités de celles-ci sur un pylône du tube d'acier.

XI. – Hydraéroplane de Stanley Adams (fig. 35).

Cet appareil a été expérimenté sur le lac de Wildermere. C'est un biplan avec une hélice placée à barrière, queue mono plane, l'envergure du plan supérieur est supérieure à celle du plan inférieur. Le système flotteur est composé d'un long cylindre fixé sous la cellule par un pylône.

Fig. 35. Hydraéroplane Stanley Adams.

Ce cylindre ne donnant naturellement aucune stabilité latérale, des flatteurs sont prévus aux extrémités des ailes auxquelles ils sont réunis par des tubes d'acier.

XII. – Hydraéroplane Donnet Levêque.

Piloté par l'aviateur Beaumont, cet hydraéroplane a réalisé de remarquables prouesses ces temps derniers. Il présente des particularités

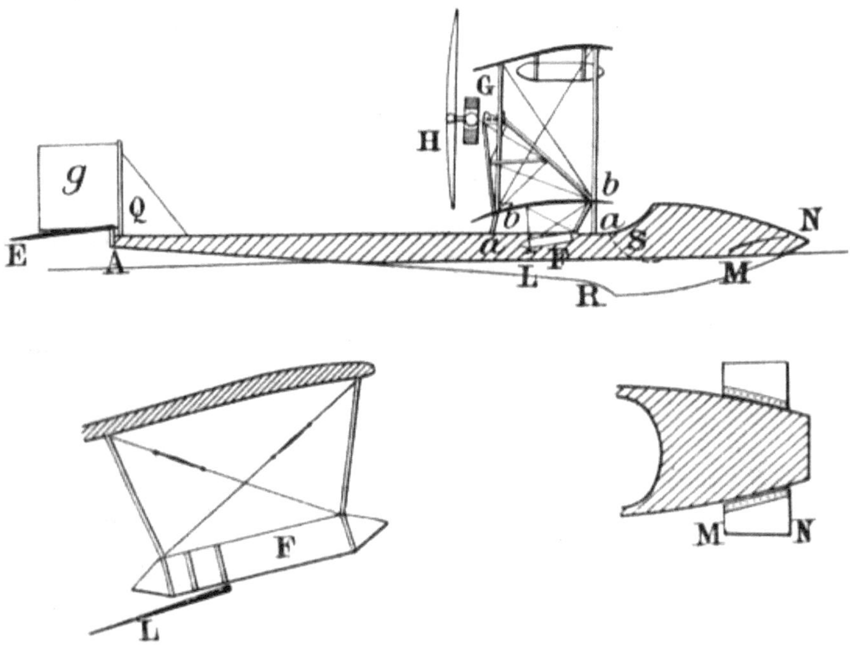

Fig. 36.

notables et diffère totalement des autres appareils d'aviation nautique. Étudié spécialement pour cette dernière, il est muni d'un fuselage approprié qui, tout en lui servant de flotteur, remplit son office ordinaire, c'est-à-dire soutient les ailes, les surfaces accessoires, le siège du pilote.

Fig. 37.- L'hydraéroplane Donnet-Lévêque.

Ce flotteur fuselage a une forme spéciale, qui le rend intéressant à plusieurs points de vue. L'avant est fortement renflé et constitue un logement tout indiqué pour le pilote qui, de là, voit admirablement tout ce qui se déroule sur le sol. L'arrière s'effile et va soutenir en A

Fig. 38. - L'hydraéroplane Donnet-Lévêque au départ.

l'empennage stabilisateur et le gouvernail de profondeur. Les deux parties sont réunies par un redan R (fig. 36).

Les ailes sont réunies au fuselage-coque par des entretoises telles que *ab* (fig. 36) qui servent aussi à soutenir solidement quatre tubes d'acier qui vont former un pylône sur lequel est installé un moteur rotatif Gnome 70 chevaux.

Fig. L'hydraéroplane Donnet-Lévêque à l'atterrissage.

La position élevée du moteur met l'hélice complètement à l'abri de toute avarie pouvant provenir de l'eau.

À l'avant du fuselage-coque se trouvent placées deux surfaces MN qui ont pour but d'empêcher l'avant de s'engager dans l'eau et d'atténuer les vagues.

La stabilité latérale est assurée par deux petits flotteurs munis d'une petite plaquette d'acier L.

XIII. – Hydraéroplane Borel (fig. 40).

L'hydraéroplane Borel est essentiellement constitué par deux flotteurs avant et un flotteur arrière fixé sous le monoplan Borel de série.

Les flotteurs avant sont écartés d'environ 1,50 m ; ils sont disposés très à l'avant pour éviter le capotage et leur fond plat leur permet de se déjauger aisément.

Le flotteur arrière est de même aspect que le flotteur avant mais il est plus petit, l'incidence du fond est un peu plus grande, de façon qu'il se déjauge le premier.

Fig. 40. - L'hydroaéroplane Borel.

Au départ, la position des flotteurs avant freine énergiquement l'appareil, mais la grande incidence du flotteur arrière le fait se soulever, ce qui ramène les flotteurs avant à une position plus avantageuse pour le glissement. La vitesse s'accélérant, permet un déjaugeage complet après une centaine de mètres ; à ce moment, cette vitesse est d'environ 70 km à l'heure, qui est la vitesse minimum de vol de cet appareil. La grosse difficulté du monoplan à flotteurs est précisément la grande différence entre la vitesse normale et la vitesse d'essor : le monoplan Borel, par exemple, qui décolle à 70 km, vole a 110 km à l'heure.

L'envolée n'est donc pas la plus grosse difficulté du pilotage, et c'est plutôt le repos en vitesse qui serait le plus délicat. Autant la solution est aisée avec de grands appareils, tel qu'un grand appareil biplan, 20 m, qui vole cabré à 40 km à l'heure, autant est délicate la repose à de bien plus grandes vitesses. Néanmoins, comme les évolutions du Borel se sont toujours effectuées sans incidents, il est possible d'espérer que ces petits appareils, très légers et aisément repliables, deviendront rapidement une puissance auxiliaire pour la Marine. Indépendamment de leurs qualités d'aéroplane proprement dit, ils présenteront, en effet, l'avantage précieux de pouvoir effectuer leur pose auprès de leur convoyeur qui les

Le Borel piloté par Chemet, gagnant de la course à Monaco en 1913.

remontera avec son mât de charge pour les accrocher au portemanteau comme la chaloupe ou les canons.

Enfin, comme rien ne change dans l'ensemble de l'appareil, il suffit de quelques minutes pour remplacer les roues par les flotteurs et réciproquement.

XIV. – Hydraéroplane Richard Beckmann.

En vue de réaliser de grandes randonnées et dans l'espoir d'arriver peut-être un jour à tenter la traversée de l'Atlantique, après avoir fait subir à son premier modèle une série de perfectionnements successifs, M. Richard Beckmann a étudié un hydraéroplane qu'il a fait construire à Cologne. Cet appareil, très intéressant par la réalisation mécanique de différentes applications, notamment au point de vue du groupe propulseur, est de dimensions relativement grandes.

C'est un monoplan d'une allure assez classique de 10 m de longueur sur 15,40 m d'envergure. La surface portante atteint 44 m^2.

Le fuselage, métallique, entièrement composé de cornières et de U en acier, repose sur deux patins par l'intermédiaire de huit jambes de force en tube d'acier. Les patins ont 5 m de longueur et sont en chêne.

C'est sur eux qu'est fixé le dispositif d'amortissement. Ce dernier offre une certaine originalité. La figure 41 en donne le principe. Sur le patin P vient se fixer une pièce A dans laquelle peut glisser verticalement l'axe B portant les roues. Dans les parois de la pièce A sont ménagées deux fenêtres *f* qui permettent le passage d'un câble C au-dessus de l'axe B. Les extrémités du câble C sont rattachées à deux forts ressorts B qui amortissent le choc lorsque,la roue venant en contact avec le sol,l'axe B

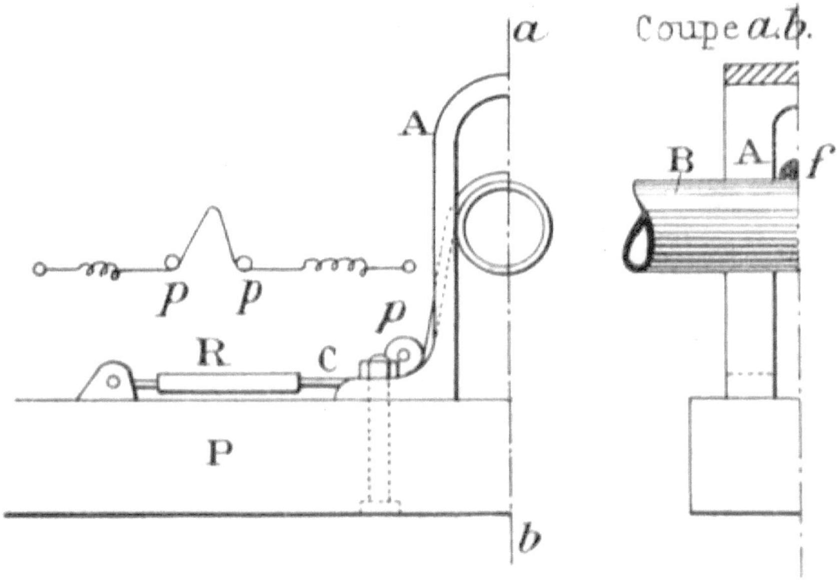

Fig. 41.

est violemment renvoyé vers le haut. Des poulies *p* favorisent la bonne utilisation du travail des ressorts.

La sustentation de l'appareil sur l'eau est obtenue grâce à deux flotteurs de 6 m de longueur qui viennent se fixer aux patins par des bandes d'acier. Ces flotteurs, construits en cèdre et recouverts de toile vernie et polie, comme sur les ailes d'hélices, comportent un certain nombre de fenêtres et cavités destinées à laisser le passage aux jambes de force et à permettre le déplacement vertical de l'axe des roues (fig. 42).

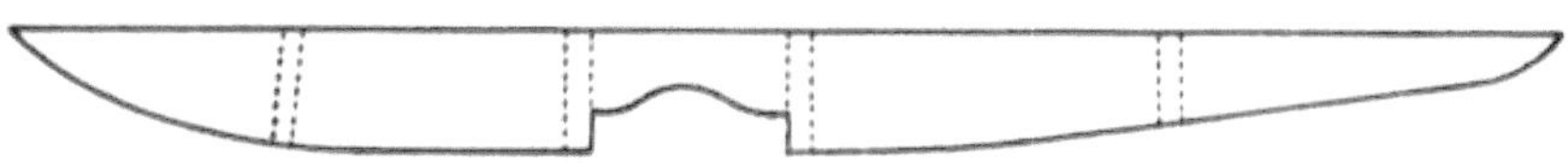

Fig. 42.

L'écartement des roues atteint 2,10 m.

Les ailes forment entre elles un angle ouvert vers le bas ce qui, suivant le constructeur, doit améliorer la sustentation. Elles sont gauchissables en vue du maintien de la stabilité latérale.

La puissance nécessaire au fonctionnement de l'hydraéroplane Beckmann est fournie par un groupe propulseur qui est une de ses caractéristiques les plus marquantes. Ce dernier se compose, en effet, de deux moteurs rotatifs Beckmann, à sept cylindres, d'une puissance totale de 160 à 170 chevaux, actionnant en sens inverses deux hélices placées l'une contre l'autre.

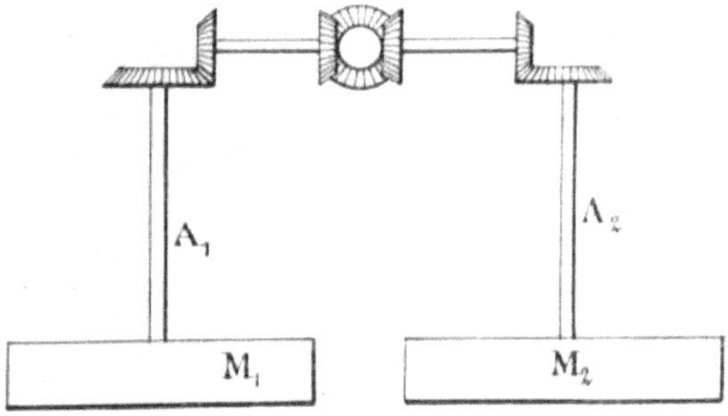

Fig. 43.

Les deux moteurs M_1 et M_2 sont installés horizontalement de part et d'autre du plan longitudinal de symétrie du fuselage. Par l'intermédiaire de deux arbres verticaux A_1 et A_2, ils actionnent une série d'engrenages (fig. 43), 1, 2, 3, 4, constituant un différentiel. Sur la roue 4 de ce différentiel est calé un arbre creux B entraînant une première hélice (fig. 44). La seconde est montée sur un deuxième arbre C tournant dans le second, grâce à l'entraînement de la roue 3. Cette construction permet de profiter des avantages du différentiel. Les vitesses de rotation des moteurs M_1 et M_2 peuvent, en effet, ne pas être rigoureusement les mêmes, sans qu'il en résulte d'à-coups gênant la marche régulière de l'appareil en vol. À l'arrière du groupe propulseur viennent se placer les réservoirs d'essence d'une contenance de 700 l ; ces réservoirs, en aluminium, pèsent seulement 22 kg.

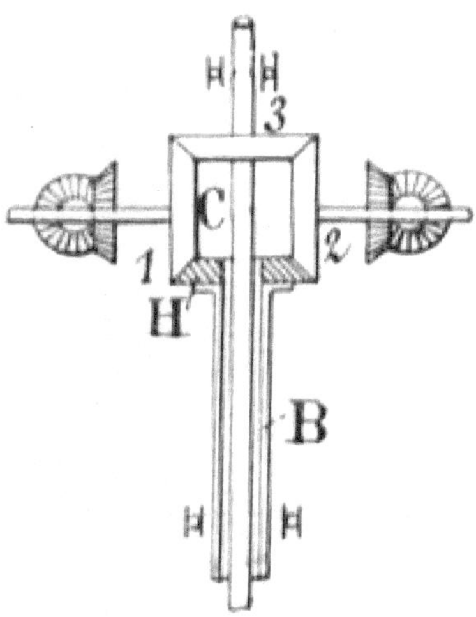

Fig. 44.

Ensuite vient le compartiment où se trouvent installés les sièges du pilote et de son mécanicien. Il est fermé sur le dessus par une coupole en tôle munie de fenêtres.

Enfin, immédiatement derrière les sièges, est disposé le réservoir d'huile, contenant 200 l et pesant 6 kg.

L'appareil Beckmann est pourvu d'un dispositif destiné à réaliser une stabilité semi-automatique. Une courroie en prise sur l'arbre C de la figure

44 entraîne un arbre secondaire qui,passant sous les réservoirs d'essence, vient mettre en mouvement le volant d'un gyroscope tournant autour du levier de la commande du genre de la cloche Blériot. Le pilote ressent immédiatement de ce fait les effets de tout mouvement de tangage ou de roulis de l'aéroplane.

Le gouvernail de direction s'actionne au pied.

L'hydraéroplane Beckmann est, on le voit, un appareil très étudié. Il comporte une installation très complète. Son poids à vide atteint 675 kg. Il se répartit à peu près comme il suit :

Patins (en chêne)	36
Roues et amortisseurs	26
Ailes	120
Flotteurs	40
Fuselage	140
Commandes et appareil automatique	14
Sièges	8
Réservoirs d'essence	22
Réservoir d'huile	6
Blindage du fuselage	8
Deux moteurs à 90 kg	180
Deux hélices avec plaques de serrage	6
Montage des moteurs	20
Engrenages, arbres, etc	26
Divers	10
Total	675
Pilote et passager	150
	825

La vitesse de l'appareil est 125 km à l'heure. L'avenir verra peut-être aboutir le rêve de son constructeur qui espère arriver un jour à voler 37 heures, ce qui lui permettrait de traverser l'océan Atlantique, dont la largeur est, en effet, de 4600 km. En tout cas, la conception de l'hydraéroplane Beckmann le désigne tout particulièrement comme un engin capable de réaliser des vols d'une durée inconnue jusqu'ici.

Quelques hydraéroplanes du meeting de Monaco de 1912

Le concours qui fut organisé à Monaco au mois de mars 1912 amena la création de plusieurs types d'appareils marins qui eurent un succès assez remarquable. Nous allons en décrire quelques-uns.

XV. – Hydraéroplane Caudron.

La maison Caudron avait envoyé à Monaco un de ses hydraéroplanes. Ce petit appareil, dont les lignes générales étaient celles du biplan Caudron, obtint au cours du meeting un succès assez grand. Il quittait notamment l'eau dans un temps très court.

L'amphibie Caudron en 1913.

L'hydraéroplane Caudron est le résultat de la transformation d'un biplan Caudron en appareil marin. Mais, alors que dans la plupart des cas chez les constructeurs, cette transformation se borne à la fixation de flotteurs, sous les ailes,cette fois, on a fait subir au type primitif des transformations importantes. On a notamment changé la position du moteur ainsi que celle du pilote. Alors que, dans le Caudron ordinaire, le moteur est fixé à l'avant et porte une hélice tractive, il est cette fois placé à l'arrière, tandis que le pilote est à l'avant, disposition analogue à celle du Curtiss.

Le système flotteur est constitué par trois flotteurs Henri Fabre, fixés, un sous la queue et les deux principaux en avant des ailes, de sorte que le centre de gravité est placé en arrière du centre de poussée de l'eau sur les flotteurs principaux.

Meeting d'hydraviation à Monaco en 1913 - (*Histoire de l'Aéronautique*).

Pour amortir les chocs des lames sur les flotteurs, les constructeurs ont prévu un système amortisseur très simple : les flotteurs sont réunis au reste de l'appareil par une articulation à l'avant sur l'extrémité d'un tube d'acier. Leur partie arrière vient buter sur un amortisseur pneumatique qui absorbe l'énergie développée par les chocs sur la surface inférieure en contact avec l'eau.

La réunion du système flotteur-train d'atterrissage à l'aile inférieure est faite par deux cadres très solides, en tube d'acier ; ces cadres comportent trois fourches qui sont réunies au centre de chaque roue. Les deux premières vont se fixer aux longerons de l'aile. La troisième va à l'articulation sur le flotteur. Elle enserre, outre la roue, la jambe de force de l'amortisseur. L'ensemble des deux cadres est réuni au fuselage par divers tubes et des haubans qui lui assurent une indéformabilité très suffisante (fig. 45).

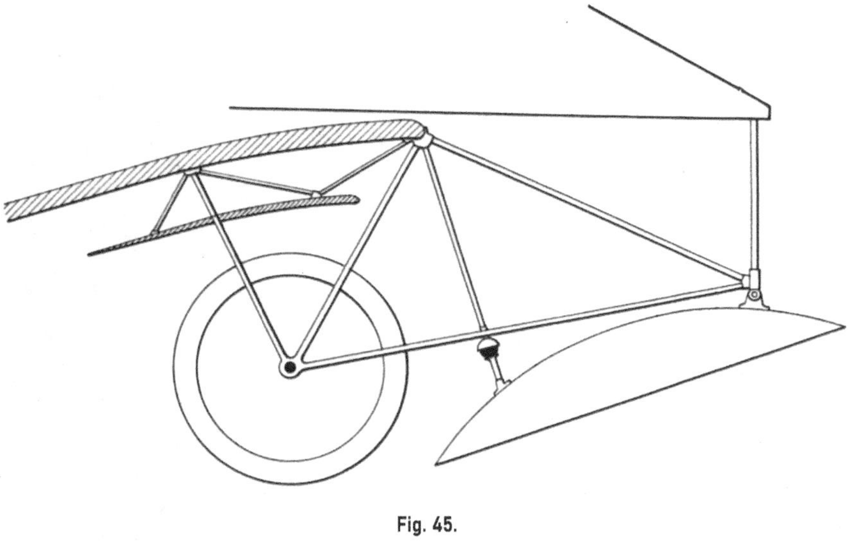

Fig. 45.

Outre les flotteurs, est aussi fixé sous les ailes un plan S destiné à protéger l'hélice contre les embruns que détermine le passage des flotteurs dans l'eau.

La description qui précède montre que le petit hydraéroplane de Caudron présente un caractère très marqué d'originalité. Il est même plus perfectionné que la plupart des appareils, puisqu'il est un des rares à avoir prévu l'amortissement du choc des lames. À titre documentaire, donnons quelques chiffres sur cette intéressante machine : son envergure et sa longueur ne dépassent pas 8 m. C'est le plus petit hydraéroplane qui ait jamais fonctionné. Sa surface portante atteint 22 m². En ordre de marche, avec le pilote et de l'essence pour 3 heures, l'ensemble pèse 350 kg et file à une vitesse de 98 km à l'heure avec le six-cylindres Anzani 60 chevaux.

XVI. – Hydraéroplane Henri Farman (fig. 46).

C'est cet appareil qui remporta le premier prix du meeting de Monaco, où il était piloté par Fisher. Il ne présente guère de particularités marquantes. Ce n'est, en effet, qu'une adaptation de flotteurs à la place qu'occupaient les patins sur l'appareil qu'avait présenté Henri Farman au Concours militaire de Reims.

Fig. 46. - L'hydraéroplane Henri Farman en plein vol.

Fig. 47. - L'hydraéroplane Voisin en plein vol.

Les flotteurs Henri Farman sont des caissons allongés, très effilés à l'avant. Construits en bois contreplaqué, sur une charpente très solide, ils sont d'une grande résistance. Leur réunion à l'aile inférieure est assurée par trois jambes de force en frêne, légèrement arc-boutées vers l'avant pour résister plus facilement à la traînée due à la résistance de l'eau sur les flotteurs.

La queue est soutenue par un troisième flotteur dont le profil rappelle les formes fuselées dont on fait en aviation une application si étendue. Ce flotteur attaque l'eau par sa face inférieure et, à l'arrêt, il reçoit une poussée suffisante pour que son arête avant dépasse l'eau d'une vingtaine de centimètres. Ce flotteur est réglable et, par la variation de son angle d'incidence, on facilite plus ou moins les premiers instants de la mise en route sur l'eau.

L'appareil a 16 m d'envergure et 1,75 m de profondeur de plans. Sa surface portante atteint 50 m^2. Le poids à vide est 275 kg.

XVII. — Hydraéroplanes Voisin (fig. 47).

Les recherches de Voisin sur l'hydraéroplane ont commencé par l'adaptation de flotteurs Fabre sur un des appareils de cette maison qui, piloté par Colliex, avait donné d'excellents résultats : le *Canard*. C'est à la suite des essais de cette machine sur la Seine qu'a été établi le Canard définitif.

Le *Canard* Voisin sur la Seine en 1912.

Le *Canard* Voisin offre comme caractéristique principale son montage. Des ailes part un long fuselage entoilé qui porte à l'avant le stabilisateur avant et le gouvernail de profondeur, et à l'arrière le moteur qui actionne l'hélice directement. Le siège du pilote est prévu dans le fuselage à l'avant des ailes.

L'ensemble est soutenu sur l'eau par quatre flotteurs Fabre : trois sous les ailes et un sous le stabilisateur.

Le *Canard* de Voisin est un appareil qui offre de grandes qualités pour l'amerrissage. La position du flotteur qui vient en contact avec l'eau, bien avant ceux qui sont sous les ailes, assure un redressement tout à fait favorable à la descente de ces derniers.

Un accident, dû à des circonstances tout à fait étrangères aux qualités de l'appareil, a malheureusement empêché le *Canard* de Colliex de fournir au meeting de Monaco toutes les performances qu'on en attendait.

XVIII. – Hydraéroplane Sanchez-Besa.

L'appareil engagé par Sanchez-Besa au meeting de Monaco était un grand biplan de cette marque, en tubes d'acier, présentant une envergure de 17 m. Il était muni de deux gros flotteurs allongés placés sous l'avant de l'appareil. Ces flotteurs suffisaient à assurer la sustentation totale de la machine, de sorte que la queue ne comportait pas de flotteur auxiliaire.

L'hydraéroplane Sanchez-Besa est le seul de ce genre qui ait pris part aux épreuves. Il semble, d'après les essais qu'il fit, que le système soit à rejeter. Dès les premières sorties, l'appareil n'était absolument pas maniable au début de la mise en route en eau légèrement agitée. Dès qu'il quittait le plancher de lancer, s'il tendait à pencher un tant soit peu l'instant précédent, il s'enfonçait immédiatement dans l'eau du même côté et pivotait brutalement autour du flotteur immergé. Un grand progrès fut constaté dans l'équilibre quand les flotteurs furent rapprochés l'un de l'autre dans la suite[3].

(3) L'organisation de nombreux meetings a amené une extension rapide de la construction d'appareils marins. Malheureusement, nous n'avons pu, à notre grand regret, décrire un certain nombre d'hydraéroplanes intéressants qui ont été construits alors que le manuscrit de cette brochure était à l'impression. Que leurs inventeurs et constructeurs veuillent bien nous en excuser !

chapitre V

Ce qu'il reste à faire

I. – Les flotteurs.

Par les descriptions qui précèdent, on a pu se rendre compte que, à part une ou deux exceptions, les hydraéroplanes actuels n'apparaissent pas comme le résultat d'études sérieuses. Ce sont presque tous de simples transformations d'aéroplanes ordinaires sous lesquels on a mis des flotteurs plus ou moins bons au point de vue mécanique.

La réalisation d'un hydraéroplane digne de ce nom reste donc encore à faire et le champ reste ouvert à des recherches nombreuses et intéressantes en vue de remédier aux multiples imperfections qui sont à signaler dans les types actuels.

En ce qui concerne le système flotteur, considéré au point de vue de l'équilibre, nous n'ajouterons rien, ayant suffisamment abordé cette question plus haut. Au point de vue constructif, l'établissement de bons flotteurs sera surtout basé sur des expériences nombreuses, mais d'ores et déjà, pour certains appareils tout au moins, on a des indications sur les flotteurs les plus convenables. Il y a de grandes chances pour que la forme de barquettes à fond presque plat subsiste dans ses grandes lignes.

Cependant, les appareils de l'avenir étant plutôt destinés à naviguer sur un seul flotteur, comme le dernier modèle qu'a construit Curtiss, il faudra s'inspirer beaucoup des recherches qui ont été faites pour l'établissement des canots automobiles glisseurs pour construire les flotteurs. L'observation des modèles à redan, comme les *Ricochet*, mènerait très probablement à la meilleure solution.

D'une façon générale, l'allongement des flotteurs devra être limité et évité, car il gêne considérablement l'envol. Le frottement de l'eau sur les barques varie dans d'énormes proportions avec rallongement.

Un bon flotteur aura donc un allongement optimum. Son fond sera plat, avec ou sans redans. Il sera aussi poli que possible, le frottement de l'eau étant considérable aux grandes vitesses.

Cependant, il ne faut pas croire que l'avenir soit uniquement réservé aux flotteurs employés comme nous le voyons couramment faire aujourd'hui. L'avenir nous réserve peut-être de grosses surprises sous ce rapport. Il serait, en effet, fort possible qu'on fasse certaines applications du système de Forlanini dont nous avons donné une analyse technique plus haut. Les avantages qu'il présente sont, en effet, nombreux. Nous n'en retiendrons que ceux d'un rendement meilleur et d'un envol peut-être plus rapide.

Enfin, la combinaison des sustentateurs statiques et des sustentateurs dynamiques amènerait une catégorie d'appareils très intéressants.

La question des flotteurs n'est donc pas encore résolue et l'on ne peut guère se prononcer définitivement à son sujet. En tout cas, pour ce qui est des flotteurs tels que nous les concevons actuellement, on peut résumer ainsi les conditions qu'ils devront remplir. Tout d'abord, ils devront être extrêmement solides ; ils devront glisser facilement à la surface de l'eau et déjauger sans difficulté. Enfin, condition très importante, ils devront toujours tendre à se relever de l'avant dès qu'ils auront été immergés pour une cause quelconque.

Quand ces flotteurs seront destinés à des appareils à flotteur central unique, ils devront, en plus de ces conditions, être aussi larges que possible de façon à fournir une surface de carène plate qui, nous l'avons vu plus haut, est nécessaire pour avoir une stabilité latérale suffisante.

D'ailleurs, des renseignements à ce sujet peuvent être fournis par l'étude de l'appareil indépendamment du système flotteur.

Constructivement, les flotteurs ont jusqu'ici été établis en recouvrant d'un plaquage, de toile, d'aluminium, etc., une simple charpente en bois. Ce système est très imparfait, car le bordé peut être percé par un choc sur un corps dur, comme cela est arrivé à l'appareil *Sanchez-Hesa* de Benoist en rade de Monaco. Des constructeurs ont prévu des ballonnets étanches dans leurs flotteurs, mais ce moyen ne peut convenir qu'à des expériences de début et serait bien imparfait pour un aéroplane qui fournirait des randonnées nombreuses. Pour remédier au naufrage on ne saurait, d'autre part, songer à faire des flotteurs capables de résister, à une vitesse de 100 à 150 à l'heure, au choc d'un corps même peu important comme une bouteille flottant sur l'eau. On devrait, pour cela, employer de la tôle beaucoup trop épaisse et augmenter le poids dans des proportions inabordables.

Un moyen assez bon pour parer à l'immersion serait de remplir les flotteurs d'un corps léger et solide comme du liège. En imprégnant ce corps jusqu'à une certaine profondeur avec un corps gras, de la paraffine par exemple, on aurait une sécurité absolue. Quant aux petits flotteurs qui assurent la stabilité latérale, leur construction a moins d'importance. Deux simples coquilles en tôle emboutie ou chaudronnée, rivées ensemble, fournissent d'excellents flotteurs.

Ces flotteurs auxiliaires ayant l'inconvénient d'offrir une grande résistance à l'avancement, on devra songer à les supprimer. M. Oskar Ursinus propose pour y arriver un excellent moyen qui consisterait à introduire des plaques de liège à l'intérieur des ailes sur une longueur suffisante à partir des extrémités[4].

II. – Réunion des flotteurs aux appareils.

Jusqu'ici, comme nous l'avons signalé, les flotteurs ont été réunis aux appareils par des liaisons rigides. La plupart du temps, ils sont simplement fixés à la place des patins, de sorte que, dans presque tous les modèles, tous les chocs qu'ils reçoivent sont intégralement transmis aux ailes, qui en éprouvent une fatigue propre à amener une diminution de résistance. L'amortissement s'impose donc pour les hydraéroplanes de l'avenir. On l'obtiendra par des moyens très

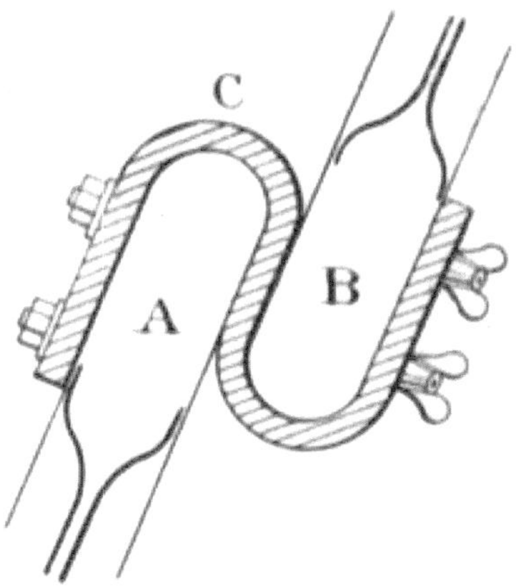

Fig. 48.

(4) O. Ursinus, Wasserflugmaschinen, Francfort-sur-le-Mcin, 1911.

variés qui ont, d'ailleurs, été appliqués dans les châssis ordinaires. Dans l'appareil Henri Fabre était appliqué un système assez simple qui a donné de bons résultats (fig. 48). Les deux pièces A et B en relation, l'une avec les flotteurs, l'autre avec les ailes, étaient réunies entre elles par une bande de cuir G, très résistante.

Nous avons décrit plus haut le dispositif des frères Caudron. On pourra combiner une série de modèles employant soit des lames de caoutchouc comme dans le châssis Farman, soit des ressorts à lames, soit des freins oléopneumatiques du type Bréguet, etc.

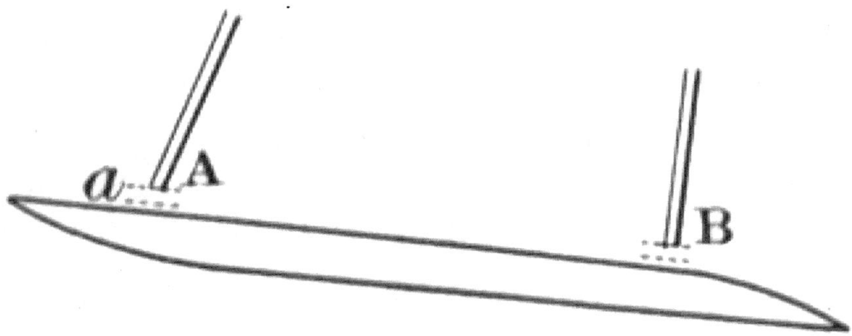

Fig. 49.

Dans l'étude d'un amortisseur d'un modèle quelconque, il faudra, autant que possible, prévoir l'articulation des flotteurs sur leur avant. Cette articulation est indispensable si l'on veut éviter un choc trop brusque lors de l'amerrissage. De sorte que, schématiquement, le montage d'un flotteur doit être fait suivant la figure 49. À l'avant, une articulation *a*, montée sur un amortisseur A ; à l'arrière, un amortisseur simple B.

On a bien tenu compte de l'observation que nous venons de faire dans l'hydraéroplane Caudron, mais incomplètement comme on l'a vu.

III. – Protection de l'hélice et des organes moteurs.

Un troisième point qui devra occuper les constructeurs est la protection du groupe propulseur contre les embruns résultant du déplacement des flotteurs dans l'eau, aux vitesses relativement énormes qu'atteignent les appareils.

L'eau forme de chaque côté et à l'arrière du flotteur des crêtes d'importance relativement grande qui sont suffisamment hautes pour atteindre les organes, comme le moteur et l'hélice dans certains cas. Leur contact avec les pales, tournant aux vitesses généralement appliquées, pouvant amener leur bris, il faut l'éviter et l'on y arrive en plaçant des pare-lames sur l'appareil aux endroits appropriés ou par une disposition convenable des parties.

IV. – Disposition du pilote, du moteur et de l'hélice.

En résumé, les appareils présentés jusqu'à nos jours se classent parmi les types suivants :

- Dans le premier modèle, le plus courant, l'empennage est à l'arrière, le moteur et l'hélice sont à l'arrière, le pilote à l'avant. La sustentation sur l'eau est obtenue au moyen des flotteurs F et *f.* C'est le type Caudron, Sanchez-Besa, Farman, etc.
- La seconde catégorie est celle des *Canards* dont le prototype est le Voisin.
- La troisième contient les appareils dans lesquels le système propulseur est à l'avant, le pilote à l'arrière, comme dans les monoplans.

Il est intéressant, avant de terminer cet ouvrage, de voir à quels types d'appareils on peut être amené par les recherches. Bien des aéroplanes actuels se prêtent remarquablement à leur transformation en hydraéroplanes et l'on pourra s'inspirer d'eux pour créer d'intéressantes machines.

Ainsi, le monoplan Train paraît très facile à modifier. Il offre de grands avantages de disposition. L'emplacement du moteur et de l'hélice le met complètement à l'abri de l'eau. Le pilote et le passager sont facilement protégés par un capot (fig. 50).

L'ingénieur Ursinus a donné quelques croquis des conceptions qu'on peut avoir. Quelques-unes sont assez originales et paraissent présenter des avantages mécaniques très marqués.

Pour les biplans type Goupy, à plans décalés, il donne le croquis de la figure 51. Les montants *m* et *m'* continuent au-dessous du plan inférieur et vont se fixer sur le flotteur central F qui contient le moteur M et le siège du pilote P. À l'avant et à l'arrière des ailes une hélice, H et H'.

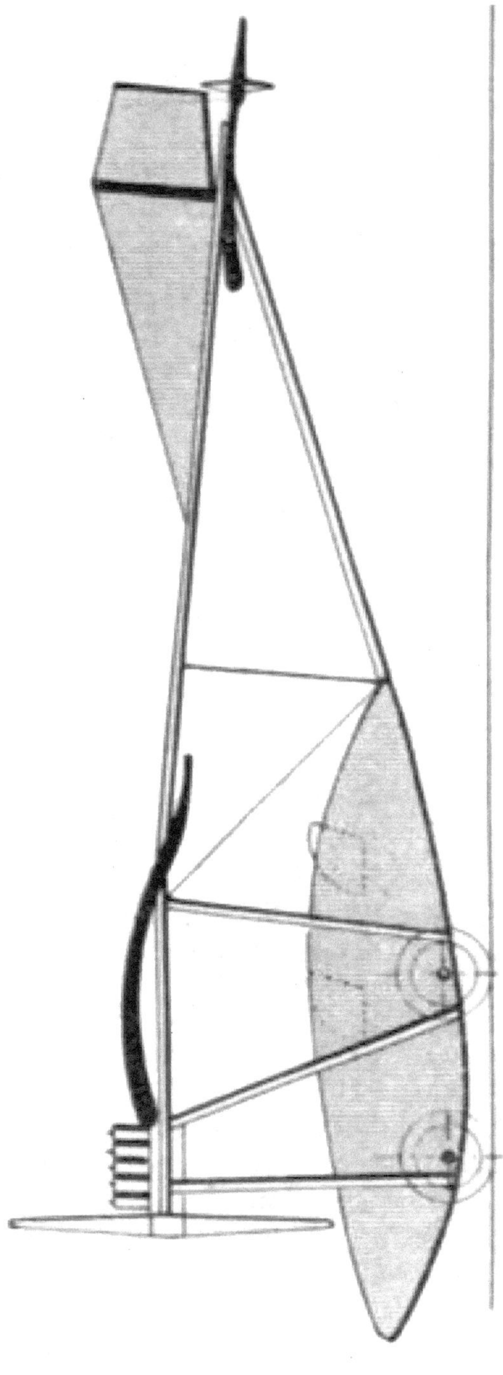

Fig. 50.

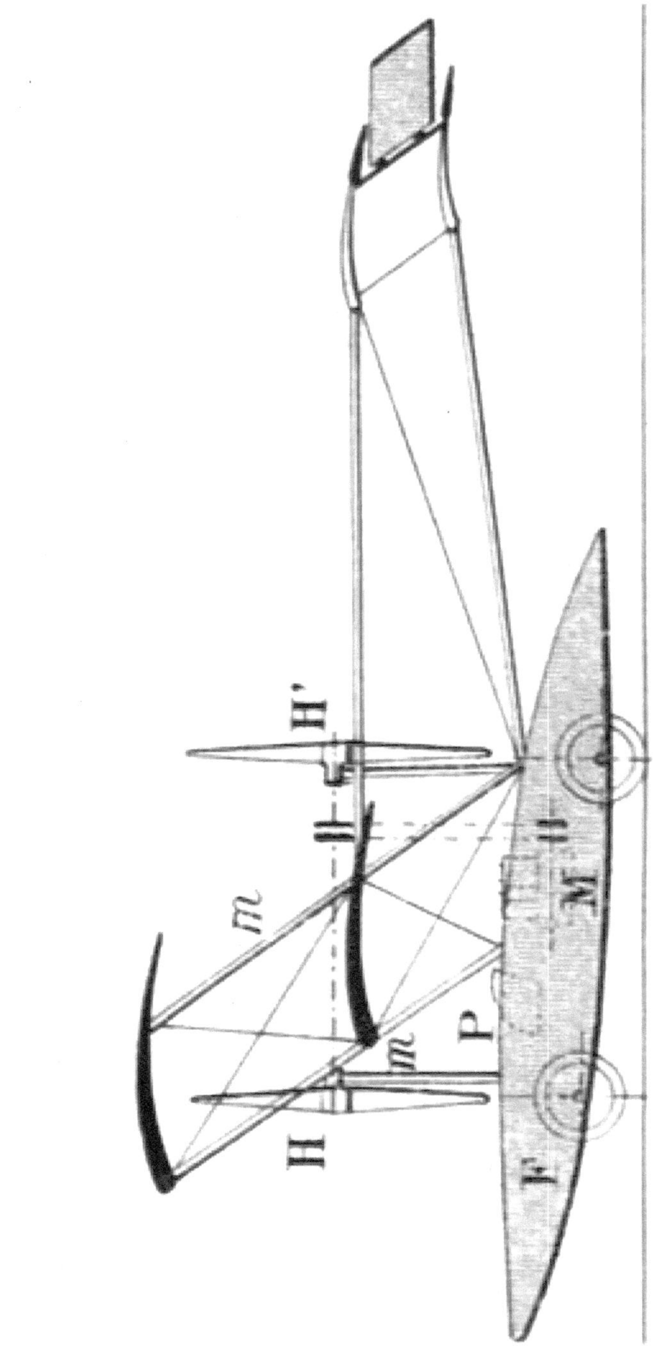

Fig. 51.

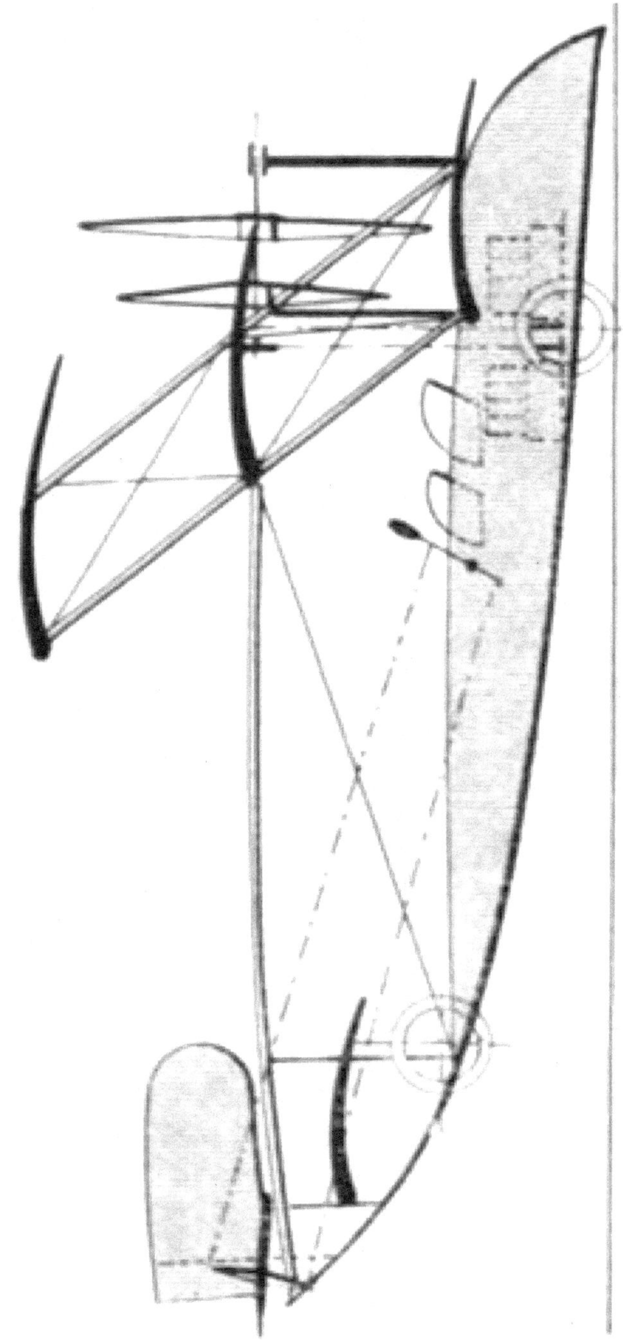

Fig. 52.

Si des appareils à queue stabilisatrice arrière ont jusqu'ici donné d'excellents résultats, il convient cependant de ne pas leur réserver la priorité pour l'avenir. C'est le type *Canard* qui paraît appelé à être seul employé. Il offre, en effet, de réels avantages pour l'amerrissage.

M. Ursinus propose un agencement intéressant, notamment pour le triplan à plans décalés (fig. 52).

D'une façon générale, quel que soit le type d'aéroplane dont il voudra s'inspirer, le constructeur devra porter son attention sur une judicieuse disposition des réservoirs à essence et du moteur, pour éviter toute chance d'incendie. En tout cas, l'appareil devra comporter des dispositifs extincteurs aussi perfectionnés que possible.

Ici se termine le court essai d'étude de l'hydraéroplane que nous avons tenté. On voit, par ce que nous avons dit au cours de cet ouvrage, que beaucoup, pour ne pas dire tous les points essentiels qui caractérisent un véritable hydraéroplane n'ont pas encore été traités par les constructeurs et que l'observation sérieuse en reste à faire complètement. Ce n'est que lorsqu'on les aura envisagés en détail et qu'on leur aura apporté des solutions acceptables qu'on pourra dire qu'il existe un nouveau type d'appareil d'aviation : l'*hydraéroplane.*

FIN

Table des Matières

aviation

www.decoopman.com

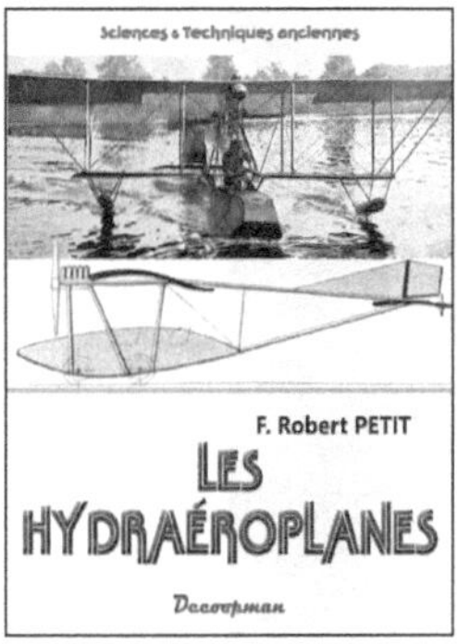

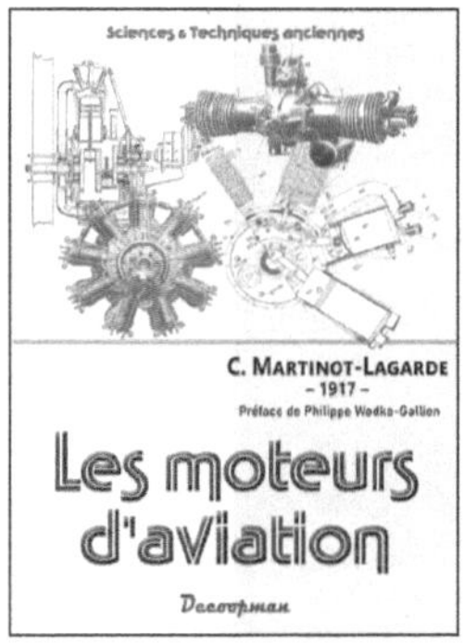

Imprimé en France
Lightning Source - 78310 Maurepas

www.ingramcontent.com/pod-product-compliance
Lightning Source LLC
LaVergne TN
LVHW102248061026
849522LV00013B/843